●したしむ物理工学●

したしむ
熱力学

志村 史夫 著

朝倉書店

まえがき

　地球上の生物の中で，人類だけが高度の文明を持つようになった発端は，人類が"火"を使うことを身につけたことであろう．人類にとって，"火"の利用が重要な意味を持ったのは，その"熱"のためである．したがって，人類は誕生と同時に"熱"に関心を持ったはずである．それに関する「学問」もいち早く古代ギリシア時代にはじまっている．しかし，科学としての熱学の登場は力学や光学よりは遅れて17世紀のことである．その第一歩は"熱"と"温度"を区別することであり，温度を測定する温度計の発明であった．そして，熱と仕事とを結びつけた学問，すなわち「熱力学」が大きな貢献をしたのは18世紀半ばにイギリスで起こった「産業革命」の時である．産業革命は熱力学なくしては起こり得なかった，といっても過言ではない．以来，熱力学は現代文明を支える学問の支柱の一つである．また，熱力学は物質の様々な現象を定量的に理解する上で，必要不可欠であり，また，非常に便利な道具でもある．

　しかし，誰でも知っている言葉の割には，ピンとこない，具体的に何のことかよくわからない「エントロピー」に代表されるように，「熱力学」がわかりにくい学問であることも事実である．したがって，それを苦手とする学生も少なくない．何を隠そう，いま，偉そうに，こうして熱力学の本を書いている私も学生時代，熱力学が大の苦手であった．熱力学がわかりにくい理由の一つは，"熱"自体が"目に見えるもの"ではない上に，「力学」とはいうものの一般の力学には存在しない抽象的な物理量がたくさん現れることだろうと思う．一方，一般的な物理現象，特に力学においては「空間」とともに「時間」の概念が重要なのであるが，「熱力学」の諸量には「時間」の項がない．このことも，「熱力学」をわかりにくくしている一因と思われる．つまり，熱力学には「力学」がついているのであるが，それはニュートン力学や量子力学のような物体（あるいは質点）の力学とはかなり異なっている．確かに，「熱力学」自体，とっつ

きにくいのであるが,「わかりにくい」のは，この「力学」に惑わされるからではないのかと思う．そういう意味では，「力学」を外して「熱学」と考える方がよいのかも知れない．

ともあれ，「熱力学」は熱に関わる様々な物理現象を扱う学問である．したがって,「熱力学 (Thermodynamics)」よりも「熱物理学 (Thermal Physics)」の方が適した呼称なのではないかと私は思っている．ちなみに，世界的に広く読まれている「固体物理学」の教科書 (*"Introduction to Solid State Physics"*) で有名なチャールズ・キッテル教授は『熱物理学』という優れた教科書を書いている．キッテル教授が，狭い意味では「熱力学」の専門家ではなく，固体物理学の専門家であることも「熱物理学」の書名に現れているのかも知れない．いうまでもないことだが，固体物理学の研究分野においては,「熱力学」「統計力学」は欠くことのできないものである．かく申す私も「熱力学」の専門家ではなく，結晶，半導体物性，電子材料など「固体物理学」の分野で仕事をしてきた者である．

このような事情から，私も本当は本書の書名に「熱物理学」を使いたいのであるが，一般的には「熱力学」が広く使われているので，読者の混乱を避けるためにも「熱力学」を踏襲することにする次第である．また，本来の「熱物理学」の内容を考えると，本書の書名に「熱物理学」を使うことはいささか恐れ多いことである，という気持ちが私にあることも確かである．本書を「熱物理学入門」として読んでいただければ幸いである．

本書では，まず第1章と第2章で「熱学」の基礎について述べる．これだけでも読んでいただければ「熱力学」に十分親しんでもらえたことになるだろうと思う．第3章では「熱力学」の教科書らしく,「熱力学の法則」について述べる．「法則」しかも「熱力学の」などというと，いかにも「わかりにくそうな感じ」を持たれるかも知れないが，恐れることは少しもないのである．「熱力学の法則」の内容はいずれも，われわれが日常的に経験していることであり，決して「難しいこと」ではない．抽象的な議論をなるべく避け，具体的な形で「熱力学の法則」を理解してもらえるように努力する．第4章では，対象を主として固体に絞り，「熱物理学」の具体的な応用として，「自由エネルギー」「相平衡」を扱う．これは，固体構造論，固体物理学とも直結する内容である．この

あたりは，本シリーズの拙著『したしむ固体構造論』とともに読んでいただけるとありがたい．また，「自由エネルギー」の概念あるいは「思想」は物理学の分野でのみならず，われわれ自身の人生においても非常に重要であると私は思っている（私は，大学の授業でいつも学生に話しているのだが，物理を含む自然科学を自然科学そのものとして学ぶことよりも，むしろ，自分の「人生哲学」を構築する上での参考にすることの方が大切だと思っているのである）．

なお，本シリーズは「何よりもまず概要を感覚的に理解してもらうために図を多用すること，数式の導入は感覚的理解を助けるのに有効な範囲に止めること」をモットーとしている．本書でもそのモットーを貫いたつもりであるが，かなりの数の数式が出てくることに疑心を抱く読者もいるかも知れないことを，私は若干危惧している．しかし，それらの数式は決して難しいものではない．そして，それらの数式は抽象的でわかりにくくなりがちな「熱力学」の理解を助けるものである．「食わず嫌い」にならないで欲しい．

本書は，まず第一に「熱力学」「熱物理学」の初学者を対象としたものであるが，私の正直な気持ちをいえば，一度あるいは昔，「熱力学」を勉強したことがあるが，結局，わかった気がしなかった，という人たちに読んでいただきたいのである．著者である私自身がそうであったように，「なあーんだ，熱力学って，こんなものだったのか，エントロピーもカルノー・サイクルも決してわかりにくいものじゃないじゃないか」と感じてもらえるのではないかと思っているのである．いずれにせよ，本書の目標は，読者に熱力学に親しんでもらい，熱物理学に対する興味を深めていただくことである．

最後に，筆者の意図を理解し，本書の出版に御協力いただいた朝倉書店企画部，編集部の各位に御礼申し上げたい．また，本書で用いた図の作成に協力してくれた静岡理工科大学大学院生の飯川裕文君にも深く感謝したい．

2000年10月21日

志村史夫

目 次

1. 序 論 ··· 1
   - 1.1 熱と温度　2
     - 1.1.1 熱　2
     - 1.1.2 温 度　4
     - 1.1.3 温度計の原理　8
     - 1.1.4 熱容量と比熱　12
   - 1.2 力とエネルギー　17
     - 1.2.1 力と運動　17
     - 1.2.2 エネルギー　25
   - チョット休憩●1　プロメテウス　30
   - 演習問題　31

2. 気体と熱の仕事 ·· 33
   - 2.1 気 体　34
     - 2.1.1 気体の性質　34
     - 2.1.2 熱力学的温度　37
     - 2.1.3 理想気体の状態方程式　39
     - 2.1.4 分子運動論　41
   - 2.2 熱と仕事　46
     - 2.2.1 産業革命と蒸気機関　46
     - 2.2.2 ジュールの実験　49
     - 2.2.3 熱機関の効率　51
   - チョット休憩●2　ニューコメンとワット　51
   - 演習問題　52

目次　v

3. 熱力学の法則 …………………………………………………55

- 3.1 第0法則　56
  - 3.1.1 平衡　56
  - 3.1.2 熱平衡　58
- 3.2 第1法則　60
  - 3.2.1 内部エネルギーの変化　60
  - 3.2.2 定積変化と定圧変化　63
  - 3.2.3 等温変化と断熱変化　66
  - 3.2.4 エンタルピー　71
  - 3.2.5 生成と反応のエンタルピー　73
- 3.3 第2法則　78
  - 3.3.1 可逆過程と不可逆過程　78
  - 3.3.2 熱機関と冷蔵庫　82
  - 3.3.3 カルノー・サイクル　86
  - 3.3.4 クラウジウスの原理とトムソンの原理　90
- 3.4 エントロピー　94
  - 3.4.1 エントロピーとは何か　94
  - 3.4.2 エネルギーの価値　96
  - 3.4.3 効率とエントロピー　99
  - 3.4.4 エントロピーと仕事　101
  - 3.4.5 エントロピーの物理的意味　105
  - 3.4.6 エントロピーは厄介ものか　109
  - 3.4.7 無秩序から秩序へ　111
- チョット休憩●3 ケルヴィン卿（トムソン）　116
- 演習問題　117

4. 自由エネルギーと相平衡 …………………………………119

- 4.1 自由エネルギー　120
  - 4.1.1 内部エネルギーとエンタルピー　120
  - 4.1.2 ヘルムホルツの自由エネルギー　122

4.1.3　ギブズの自由エネルギー　124
　　4.1.4　状態変化と溶解　125
　4.2　相平衡と相転移　129
　　4.2.1　相　129
　　4.2.2　相転移　131
　　4.2.3　相平衡　134
　　4.2.4　相律　138
　　4.2.5　平衡状態図　139
　チョット休憩●4　ギブズ　144
　演習問題　145

演習問題の解答……………………………………………………147
参考図書……………………………………………………………153
索　引………………………………………………………………155

1 序論

四季に恵まれた日本では，毎年，規則正しく「暑さ」と「寒さ」が繰り返される（最近は，"異常気象"のために"不順"なことがしばしばあるが）．日本人は昔から「暑さ寒さも彼岸＊まで」などといって，折々の季節の"温度（気温）"を肌で感じ

タタラ操業：砂鉄を熔かす火（島根県吉田村・和銅生産研究開発施設にて筆者撮影）

ている．また，風邪をひいて，身体が熱っぽい時には，額に手を当ててみて「熱がある」などという．

つまり，われわれは，日常的に，肌で温度を感じたり，手で熱を測ったりしているのである．また，日常生活において，われわれは，「温度」と「熱」とを混同してもいる．本当は，「風邪をひいて熱がある」という表現は"生活言葉"としては許されても，科学的には正しくないのである（もちろん，私は，「科学的であることがいつも正しい」というつもりはないが）．正確には「風邪をひいて温度（体温）が高い」といわなければならない．

これから本書で「熱力学」という面倒臭いものに親しんでもらおうとしているのであるが，本章では，そのための準備として，熱，温度，エネルギーなどを明確に理解し，「熱力学」を学習するための基礎を固めていただきたい．

＊春分・秋分の日を中日として，その前後7日間のこと．

1.1 熱と温度

1.1.1 熱

　地球上の生物の中で，人類だけが高度の文明を持つようになったのであるが，その発端の一つは，人類が火を使うことを身につけたことである．人類も他の動物と同様に最初は火を恐れたであろうが，他の動物が火を恐れ続けたのに対し，人類はそれを積極的に利用し，自在に作り出すことを覚えたのである．

　人類にとって，火の利用が重要な意味を持ったのは，その"**熱**"のためである．火は熱源として，人類の生活にとって不可欠なものになった．寒い時には火を用いて暖をとった．火を用いて食物を加熱処理することにより，人類の食生活は飛躍的に豊かになった．また，食料の保存を可能にし，生活形態そのものの変化をももたらした．文明が進歩するに従い，熱の利用は拡大され続けた．また，科学と技術の発展によって，多種多様な"熱源"が開発され，実用化された．熱の利用の拡大が人類の文明を発展させてきたともいえるだろう．

　このように，"熱"はわれわれにとって非常に身近なものであり，また，日常生活においてばかりでなく，生命の維持にとっても不可欠のものである．しかし，改まって「熱とは何か」といわれると，これがなかなか難しい．国語辞典には「物を温（暖）め，また焼く力」などと書かれているが，問題なのは，その「力」のことである．

　物が燃えれば（つまり火から）熱が出る．また，われわれは，熱が伝導することを実体験から知っている．このようなことから，最初に考えられたのが"熱の物質説"である．つまり，図1.1に示すように，熱は熱い物体から冷たい物体へと移動（伝導）する流体のようなものと考えられた．このような考え方は，古代ギリシア時代から近年に至るまで脈々と生き続けていた．この熱流体を構成する物質を，不生不滅の元素の一つと考え，その元素を"**カロリック**(caloric, **熱素**)"と名づけたのは，近代化学の創始者の一人であるラヴォアジェ(1743—94)である．

　ところが，このような"物質(熱素)説"だと，摩擦によって熱が生じることをうまく説明できないのである．そもそも，人類が最初に作った火は摩擦熱を利用したものだった．そのほかにも"熱素説"では説明できない様々な熱に関

1.1 熱と温度

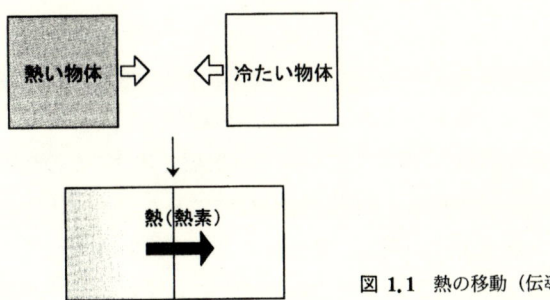

図 1.1 熱の移動（伝導）

わる現象が存在する．この熱素説が，アメリカ生まれの軍人トンプソン（後にイギリス，ドイツに渡ってルンフォード伯を名のった）(1753—1814)によって，実験的に否定されたのは1798年のことである．この時の話が実に面白い．トンプソンはミュンヘンの兵器工場で大砲の孔開け作業の監督をしていた時，あることに気づいたのである．英語の勉強も兼ねて，次の文章を読んでいただきたい．"物理"と英語の勉強の一石二鳥である．

> According to the accepted theory, the heat "flowed" from the iron barrel as it was being cut. In other words, the metal itself contained the heat, which was not released until the metal was cut. However, Thompson noticed that heat was produced even when the cutters were too dull to cut the metal. He concluded that the heat was produced not by something called caloric, but by the friction between the cutters and the metal. His work helped to establish the theory that heat is energy produced by the motion of molecules.
>
> (H.E. Tropp, "*Modern Physical Science*",
> Holt, Rinehart, and Winston, Inc. より)

それほど難しい英文ではないので説明するまでもないだろうが，念のために，概略を記しておこう．

鉄の円筒 (iron barrel) をノコギリのような物で切ると熱が発生する．従来の熱素説によれば，鉄の中に含まれていた"熱素"が切られた鉄の"切口"から外へ出てくるのである．切られなければ，"熱素"は鉄の中に留まっているから熱くはならない，という理屈である．しかし，トンプソンは，そのノコギリが鉄を切ることのできないナマクラ (dull) であっても熱が発生することを発見

したのである．そして，熱は"熱素 (caloric)"と呼ばれるような物質によって作り出されるものではなく，ノコギリ (the cutter) と金属 (the metal) との間の摩擦によって生じるものである，と結論づけた．

また，ある物体の高温（"温度"については次項で述べる）の時の重さ（正確には質量）と低温の時の重さとの間に差がないことも，トンプソンの結論，つまり熱の物質説（熱素説）の否定，を支持するものである．熱が"物質"であれば，同じ物体でも，高温の場合の方が重くなるはずだからである．

しかし，このようなトンプソンの明瞭な結論にもかかわらず，古代ギリシア以来の熱素説は，後述する**ジュールの実験**（1843 年）に至るまで，およそ半世紀間の余命を保ったのである．

さて，"熱"が物質でないことは理解できたと思うが，最初の質問「熱とは何か」には，まだ答えられていない．詳しくは次節で再度触れることにし，ここでは，とりあえず，「熱は**エネルギー**の一形態（**熱エネルギー**）である」と答えておきたい．そうすると，「それではエネルギーとは何か」という新たな質問が生じるが，これについても次節で詳しく述べることにする．

1.1.2 温　度

日常生活の中で，われわれは「今日はとても暑い」とか「今朝は寒かった」とかいう．また，いろいろな物体に触れて「熱い」とか「冷たい」とかいう．風邪をひいた時など，額に手を当てると「熱い」と感じ，「熱がある」と思うのである（この「熱がある」という表現が科学的には正しくないことは本章の冒頭で述べた通りであるが）．**温度**は，この「暑い」「寒い」「熱い」「冷たい」（より正確にいえば，後述するように，**分子運動の激しさ**）の度合を数量的に表わした**物理量**である．ちなみに，"物理量"というのは，「自然系の性質を表現し，その測定法，大きさの単位が規定された量」のことである．

人によって，あるいは，その時の身体の具合によって，暑さ，寒さの感じ方は異なるが，温度は物体の状態だけで決まる量であり，それは"感じ"からは離れたものである．温度の単位については後述するが，テレビやラジオの"天気予報"では「今日の日中の温度は 20°C ぐらいになるでしょう」などと"温度"（この場合は，大気の温度，つまり"気温"）が使われる．この"20°C という気

1.1 熱と温度

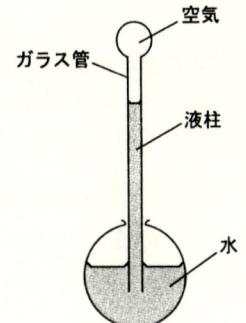

図 1.2 ガリレイの"温度計"

温"を暑く感じるか，寒く感じるかは人によって異なるが，"20℃という温度"は誰がどのように感じるかとは無関係な物理量である．

■温度計

　温度を測定する装置（器具）が温度計である．温度計は，目に見えない温度というものを，目に見える何らかの形（さらには数量）で表わしてくれるもので，その発明は画期的である．熱に関する諸現象を扱う熱力学においてはいうまでもないが，"温度"と無関係の科学，技術は皆無であろう．温度測定なしでは，あらゆる科学，技術は成立しない．

　実は，温度計がいつ，誰によって発明されたのかについては，はっきりしないのであるが，その原型はガリレイ（1564—1642）が1600年頃に作った図1.2に示すようなものと考えられている（それにしても，「温度計もガリレイか」と，彼の天才ぶりには驚かされるばかりだ）．それは"温度計"というよりも，むしろ"気圧計"のような形であるが，ガリレイは古くから知られていた空気が暖まると膨張するという事実の中に温冷の度合を測る原理を見出したのである．ガリレイの友人の医師サンクトリウスは図1.2のものを小型化した"温度計"（"検温器"という方が正確だろう）を当時流行していた熱病の患者の体温測定に使ったそうである．このサンクトリウスは，ガリレイが発見した"振り子の等時性"（本シリーズ『したしむ振動と波』など参照）を脈拍の測定に利用したことでも知られている．

　ちなみに，現在用いられているような目盛がついたガラス管の液体温度計は，1640年頃，イタリア・フィレンツェのガラス職人によって作られた．

■温度目盛

図1.2のガリレイの"温度計"の液柱の高さが温度の高低によって上下するのは理解できるだろう．熱病の患者の手でガラス管上部を被うと，その中の空気が暖められて膨張し，液柱の水面が下がる．つまり，液柱の高さで患者の相対的な体温がわかるのである．しかし，このような"温度計"でわかる温度はあくまでも相対的なものであり，何かを基準にした温度ではない．上述の液体の膨張・収縮を利用したフィレンツェのガラス職人が作った温度計の場合も基本的には同様であった．

科学的な，一般性のある温度を得るためには，まず，科学的な，一般性のある温度の定点を決め，それに基づいた温度目盛が必要である．表1.1に示すように，今日まで様々な"定点"が決められてきた．

現在，われわれが日常的に使っているのは［°C］の記号で表記される**摂氏温度目盛**である．摂氏温度目盛の1度は**氷点**（1気圧（0.1 MPa）のもとで，水と氷とが釣り合ってどちらも増減しない状態の温度）を0度（0°C），水の**沸点**（1気圧のもとで，水と水蒸気とが釣り合ってどちらも増減しない状態の温度）を100度（100°C）とし，その間を100等分したものである．この摂氏温度目盛の原型は，スウェーデンの物理学者セルシウス（1701—44）が，1742年に，氷の融点を100度，水の沸点を0度としたものである（0度と100度が現在のものとは逆）．

なお，摂氏温度の"摂氏"はセルシウス（Celsius）を中国語で"摂爾修"と綴ったことに由来する．また，記号の"C"は"centigrade（百分度）"の頭文字の"C"と考えてもよいが，実際はセルシウスの頭文字をとったものである．

ところで，いま「現在，われわれが日常的に使っているのは摂氏温度目盛で

表 1.1 温度目盛の主な歴史

ダーレンス	1688	2か所の目盛（雪の融点−10度，バターの融点+10度）
ラナルディ	1694	上の定点（水の沸点），下の定点（氷の融点）
エルビス	1710	水の沸点100度，氷の融点0度（圧力指定なし）
ファーレンハイト	1724	氷＋塩化アンモニウム0度，氷の融点32度，人の体温96度（華氏温度目盛）
レオミュール	1730	氷の融点0度，水の沸点80度（烈氏温度目盛）
セルシウス	1742	氷の融点100度，水の沸点0度（摂氏温度目盛の原型）

（小出 力『読み物 熱力学』裳華房，1998より一部改変）

ある」と書いたのであるが，この"われわれ"からアメリカ人を除かなければならない．

　以下，余談である．

　アメリカの日常生活では，日本では使われない，様々な単位が使われる．例えば，長さのインチ (inch)，フィート (feet)，マイル (mile)，面積のエーカー (acre)，体積のガロン (gallon)，重さのオンス (ounce)，ポンド (pound) などである．アメリカで生活するには，これらの単位に慣れる必要があるが，およそ11年間アメリカで暮した私が最後まで慣れなかったのは，温度目盛であった．もちろんアメリカでも，科学・技術分野では摂氏温度目盛が使われることがあるが，気温，室温，体温，冷蔵庫内の温度など，日常生活に関係するものには，ほとんどすべて華氏温度目盛（記号°F）が使われるのである．

　華氏温度目盛は，表1.1に示したように，ドイツの工具職人ファーレンハイト (1686—1736) が1724年に定めたものであり，この時，現在の温度計と同様の等間隔の目盛を持つ実用的水銀温度計が作られた．1714年，ファーレンハイトは，当時得られた最低温度の氷と塩化アンモニウムの混合物の温度を0度，人体の温度を96度（どのようにして96度に決めたのか，私には不明である）と定めた．この定義から，彼は水の氷点が32度，沸点が212度であることを知り，1724年に，この2点が華氏温度目盛の定点となったのである．

　ちなみに，華氏温度の"華氏"は，摂氏の場合と同じように，ファーレンハイト (Fahrenheit) を中国語で"華倫海"と綴ったことに由来する．

　なお，華氏温度（T °F）と摂氏温度（T' °C）との関係は

$$T[°F] = \frac{9}{5} T'[°C] + 32 \qquad (1.1)$$

である．

　アメリカで生活していた頃，[°C] に慣れた私の感覚を [°F] に合わせるのに，式 (1.1) が必要だったが，いつも，この式を使って"換算"するわけにはいかない．こんな時，とても重宝したのが図1.3に示すような両目盛つきの温度計だった．

　閑話休題．

　温度目盛は温度を数値化するための便利なシステムであるが，摂氏温度目盛

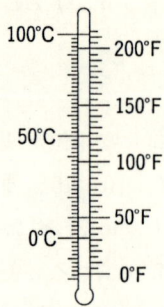

摂氏　　華氏　　図 1.3　摂氏温度目盛と華氏温度目盛との対照

あるいは華氏温度目盛といえども，それらは実用面からつけられたものであり，それらが指示する温度が"相対的"なものであることには変わりない．つまり，それらに物理学的な意味はない．物理学的に意味のある温度は，1848年にトムソン（後のケルヴィン卿）が提唱した**熱力学的温度**と呼ばれるものである．これについては次章で詳しく述べる．

1.1.3　温度計の原理

前述のように，温度計は"目に見えない温度"を視覚化する道具であり，温度は物質を構成する分子運動の激しさの度合である．したがって，温度計は，温度変化，つまり分子運動の激しさの変化に対応して変化する物質の性質，例えば体積変化，電気抵抗変化などを利用することになる．現在使われている温度計を，以下に測定原理に基づいて分類してみよう．なお，その測定原理や実際の温度計の詳細については，巻末に掲げる参考図書2などを参照していただきたい．

■**体積の変化（熱膨張）を利用**

最も一般に，日常的に使われているのは液体の体積が温度によって変化する性質を利用した液体温度計である．その"液体"として使われるのは，主として水銀と灯油である．液柱が赤色の温度計は一般にアルコール温度計と呼ばれており，実際にアルコールが使われたこともあるが，現在では着色した灯油が使われている．アルコールでは，液柱上部の空間で凝縮しやすく，指示温度に誤差が生じやすいからである．

熱膨張係数が異なる2種の金属の薄板2枚をはり合せた**バイメタル**を用いるのが**バイメタル温度計**である．例えば，銅とニッケルの薄板をはり合わせたバイメタルでは，銅の熱膨張係数がニッケルの熱膨張係数よりも大きいために，高温になるとニッケル板側に曲がり，低温になると銅板側に曲がるので，これを利用して温度表示をする．このようなバイメタルは"温度計"というよりも，電気こたつや電気あんかのサーモスタット（恒温装置）の中の温度調節に使われている．

気体の体積，温度，圧力の間に一定の関係式（後述する**状態方程式**）が成り立つことを利用したのが気体温度計である．定圧気体温度計と定積気体温度計の2種に分けられる．原理は簡単であり，理想的な温度測定が可能であるが，実際の操作は面倒なので日常的な温度測定に使われることはなく，もっぱら温度の絶対測定の規準とされている．

■**電気的性質の変化を利用**

金属，半導体の電気抵抗が温度依存性を持っていることを利用したのが**抵抗温度計**である．図1.4に示すように，金属と半導体は，それぞれ**正の温度係数**，**負の温度係数**を持っており，いずれも再現性がよいため，抵抗温度計は研究計測用に広く利用されている．金属としては，化学変化しにくく，電気抵抗が温度に対して直線的に変化する白金が使われている．半導体（半導体酸化物）の電気抵抗の温度特性を利用した素子は**サーミスター**と呼ばれ，これを用いた温度計が**サーミスター温度計**である．

従来，体温の測定には液体温度計の一種である水銀体温計が最も一般的に用

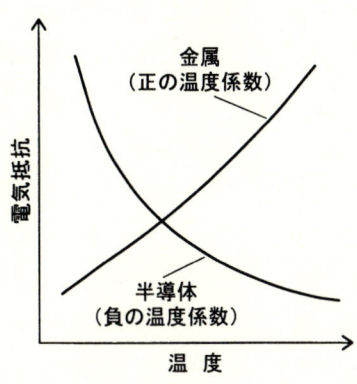

図1.4　電気抵抗の温度依存性

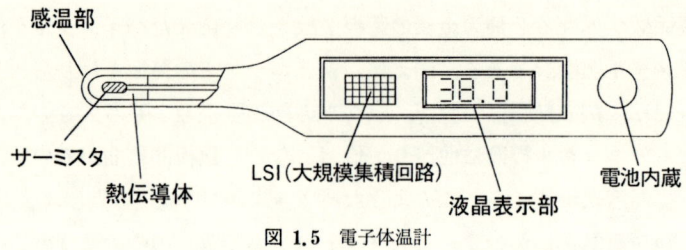

図 1.5 電子体温計

いられていた．これは測温部にある水銀が体温（通常は気温より高い）による温度上昇に比例して体積膨張することを利用したものである．このような伝統的な水銀体温計にかわり，最近，家庭などで一般的になりつつあるのが図1.5に示すような"**電子体温計**"である．感温部に用いられるサーミスターには鉄，マンガン，ニッケルなどの金属酸化物を焼結させたセラミックス半導体が使われている．体温によって変化した抵抗値（図1.4参照）をまず周波数に変換する．この周波数をLSI（大規模集積回路）で基準となる周波数と比較して温度を割り出し，それを液晶表示部に数字で表示する仕組になっている．水銀体温計がアナログ表示であるのに対し，電子体温計はデジタル表示であり，数値が正確に速続できるという長所がある．このため，電子体温計は，**デジタル体温計**と呼ばれることもある．

　工業分野，あるいは，物理実験などで広く使われているのが**熱電対温度計**である．

　図1.6に示すように，2種類の金属線A, Bの両端をつないで回路（**熱電対**という）を作り，両接点の温度を T_1, T_2 に保つ．例えば，右側の接点を熱し，$T_2 > T_1$ ($T_2 \neq T_1$) となると起電力 E が生じる．このような現象を**熱電効果**あるいは

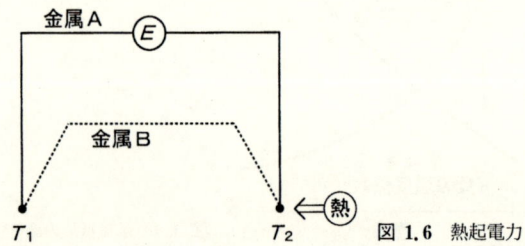

図 1.6 熱起電力

発見者のゼーベック（1770—1831）の名をとって**ゼーベック効果**という．また，この時の起電力を**熱起電力**と呼ぶ．温度差 ΔT ($= T_2 - T_1$) と熱起電力 E との間には比例関係があるので，E を測定することによって ΔT が求められる．つまり，T_1 を例えば 0 ℃に保てば，T_2 を直接 [℃] で知ることができるのである．このような効果を応用したのが熱電対温度計である．白金—白金ロジウム，銅—コンスタンタンなどの熱電対が多く用いられている．

■発熱体の色の変化を利用

最近はあまり見かけなくなったが，電気コンロの電熱線に電流を通すと温度が上昇するにつれて，電熱線の色が暗赤色から次第に明るい赤に，そして白色に輝くことは誰もが知っているだろう．このように，電熱線の色，明るさが温度によって変化する性質を利用して，熔鉱炉やフィラメントなどの高温を測定するのが**光温度計**あるいは**光高温計**（オプティカル・パイロメーター）と呼ばれるものである．

■放射エネルギーを利用

すべての物体からは温度に比例した**放射エネルギー**（電磁波）が放出されている．熱せられたストーブから赤外線が放射されているのは身近な例である．このような放射エネルギーを測定し，物体の温度を測定するのが放射温度計である．赤外線温度計は実用化されている放射温度計の一つである．本来，放射温度計は全波長（エネルギー）領域の放射エネルギーを測定する計器であり，いわば可視光エネルギーを測定するのが前述の光高温計である．

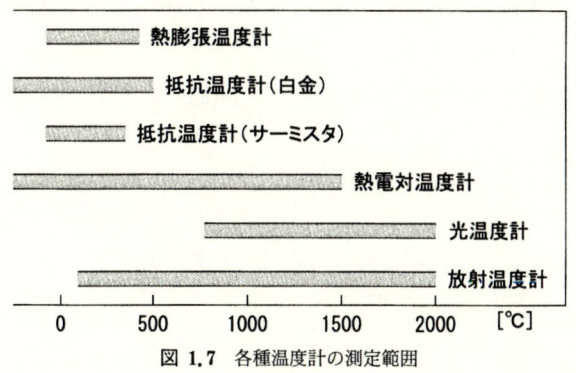

図 1.7　各種温度計の測定範囲

以上，様々な温度計について述べたが，各種温度計の測定範囲の概略を図1.7にまとめておく．なお，光温度計，放射温度計の特徴は，それらが被測定物体に非接触で物体の温度を測定できるという利点を持つことである．

1.1.4 熱容量と比熱

夏の暑い日，外に置かれた自動車のボンネットは目玉焼ができるほど，あるいは手を触れれば火傷をするほど熱くなるが，外のバケツに入れた水がそれほど熱くなることはない．また，ほぼ同じ重さの鉄塊，石ころ，水を同時に炎天下に放置すれば，それらは鉄，石，水の順に熱くなる．もう少し"科学的"にいえば，鉄，石，水を，常温から，例えば50℃まで温めるのに要する熱エネルギーは，水，石，鉄の順に小さくなる．これは，これらの物質の**比熱**，そして，これらの物体の**熱容量**が異なるからである，と説明される．

ここで話は飛ぶが，表1.2に示す日本各地の年・月別平均気温を見ていただきたい．同時に日本地図を拡げていただけるとわかりやすいのだが，A, Bグループには，それぞれ北海道，本州の年平均気温が近い各地を集めてある．太字の都市は"内陸部の街"で，ほかは"海辺の街"である．Bグループの甲府と銚子の緯度はほぼ同じである．これらの土地の年間の寒暖差を見ると非常に明確な傾向が読み取れるだろう．内陸部にある旭川と甲府の寒暖差は海辺の釧路，銚子のそれに比べて大きいことである．

気候は一般にいくつかの"型"に分類されているが，対照的なのは"海洋型"と"大陸型"である．前者は大洋や島で見られる気候で，その特徴の一つは，気温の日変化，年変化が小さいことである．一方，後者は海岸から遠く離れた内陸で見られる気候で，その特徴の一つは，気温の日変化，年変化が大きいこ

表 1.2 日本各地の月別平均気温 [℃] （1961～1990年の平均値）

	地点	年平均	1月	2月	3月	4月	5月	6月	7月	8月	9月	10月	11月	12月	寒暖差
A	**旭川**	6.4	-8.4	-7.7	-2.5	5.0	11.6	16.4	20.4	20.9	15.3	8.5	1.8	-4.2	29.3
	釧路	5.7	-6.1	-6.0	-1.7	3.4	7.9	11.4	15.3	17.8	15.2	9.8	3.7	-2.0	23.9
B	**甲府**	13.9	2.0	3.4	7.0	13.3	17.8	21.3	24.8	25.9	21.9	15.5	9.8	4.1	23.9
	銚子	15.0	5.8	6.1	8.5	13.0	16.8	19.4	22.6	24.9	22.7	18.2	13.6	8.6	19.1
C	那覇	22.4	16.0	16.3	18.1	21.1	23.8	26.2	28.3	28.1	27.2	24.5	21.4	18.0	12.3

(国立天文台編『理科年表』丸善，1999より)

とである．北海道や本州は"大陸"と呼ぶにはいささか小さいが，表 1.2 に示される旭川や甲府の気候を"大陸型気候"と呼んでもよいだろうと思う．沖縄本島にある那覇の気候は"海洋型気候"である．釧路や銚子の気候は，正しくは"海岸型気候"と呼ぶべきものであるが，それらの土地の寒暖差は"大陸型気候"の旭川や甲府と比べれば明らかに小さい．

　以上に述べた寒暖差の違いは，比熱（熱容量）が大きい水（実際は"海水"であるが）と小さい陸（地殻）の影響で説明されるのである．山風，谷風，海風なども同様に説明できる．

　さて，次に，熱容量と比熱を「熱力学」の教科書らしく説明することにしよう．そのためにはまず，**熱量**というものを定義しておく必要がある．

■**熱量**

　いま，図 1.8(a) に示すように，同じ物質でできた同じ体積の，100°Cに熱せられた物体Aと50°Cに熱せられた物体Bを考える．ここで，物体と外界との間の熱の出入りは一切ないものとする．このA, Bを(b)に示すように，理想的に接触させる（"理想的接触"とは，AとBとの間には，いかなる物質も空隙もない，という意味である）．

　このような理想的接触のあと，Aの温度は徐々に低くなり，それに応じてBの温度は徐々に高くなる．そして一定時間後には(c)に示すように，両物体の温度は，ともに75°Cに落ち着く（前述のように，外界との間に熱の出入りがないので）．この時，温度が高いA（100°C）から温度が低いB（50°C）へ**熱**が移動した，という．またこの時，AがBに与えた**熱量**と，BがAから受け取った熱量とは等しい，という．接触以前に，AとBが持っていた熱量は，図 1.8(a) に示されるA, Bそれぞれの面積で定性的に表わされている．Aが失った熱量と

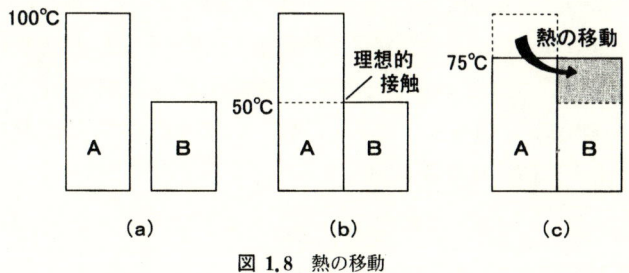

図 1.8　熱の移動

Bが得た熱量とが等しいことは，図1.8(c)で容易に理解できるだろう．

いま，「熱が移動した」と述べ，それを図1.8(c)に図示したのであるが，われわれに観測できるのは，あくまでも，接触前後のA，Bの**温度変化**であり，"熱素"のような"物質"の移動ではないことは，1.1.1で述べたとおりである．ここで，再度，注意しておきたい．熱はエネルギーであり，物質ではない．

ここで，熱量を定量的に定義しておこう．

気体を含まない純水（通常の水には，熱すると泡が出てくることからわかるように，気体が含まれている）1gを1気圧下で1℃昇温させる熱量を**1カロリー(cal)** と定義する．実は，1気圧下で純水1gを1℃昇温するのに必要な熱量は0〜100℃の範囲で微少ながら異なる．そこで，特に，日常的な温度である15℃の水を考え，1気圧下で純水1gを14.5℃から15.5℃まで昇温させる熱量を"15度カロリー"あるいは"水カロリー"と呼び，$[\text{cal}_{15}]$の記号で表わすこともある．任意の温度Tにおける同様な値の記号は$[\text{cal}_T]$となる．また，純水1gを1気圧下で0℃から100℃に昇温する熱量の1/100を"平均カロリー"と呼び$[\overline{\text{cal}}]$という記号で表わすこともある．

しかし，0〜100℃の範囲の各温度で，純水1gを1℃昇温するのに必要な熱量の差は1%以下なので，"純水1gを1気圧下で1℃昇温させる熱量"を"1 cal"と定義しても，一般的には支障ない．

また，1000カロリー(1000 cal)は1キロカロリー(1 kcal)であるが，この[kcal]を[Cal]（Cが大文字）と表わし"大カロリー"と呼ぶこともある．"カロリー"は栄養学の分野でもなじみのある単位であるが，栄養学での"カロリー"は通常"大カロリー"の意味である．

■**熱容量・比熱**

任意の質量の物体の温度を1単位温度（一般的には1℃，あるいは後述する1K）だけ上昇させるのに必要な熱量を**熱容量**と定義し，記号Cで表わす．その単位は[熱量/度]であるから，[cal/℃]あるいは[cal/K]などとなる．

ある物体（物質）に熱量ΔQを与えた時，その物体（物質）の温度がΔTだけ上昇したとすれば，熱容量Cは

$$C = \frac{\Delta Q}{\Delta T} \tag{1.2}$$

1.1 熱と温度

で与えられる．

　任意の質量の物体（物質）の温度を1単位温度上昇させるのに必要な熱量である熱容量は，その質量に比例して増減するので，物質固有の熱容量を比較するには"単位熱容量"を導入する必要がある．そこで，「物質1gの温度を1単位温度上昇させるのに必要な熱量」を**比熱**と定義し，記号 c で表わすことにする．比熱の単位は［熱量/質量・度］であるから［cal/g°C］あるいは［cal/gK］などとなる．

　比熱は物質の温度によって変わるが，物質の体積，圧力の影響も受ける．そこで，比熱には，体積が一定の条件下での**定積比熱**（c_V）と圧力が一定の条件下での**定圧比熱**（c_P）の2種が定義されることになる．この両比熱の比は，**比熱比**と呼ばれ，記号 γ で表わし

$$\gamma = \frac{c_P}{c_V} \tag{1.3}$$

で定義される．$\gamma > 1$，つまり $c_P > c_V$ は気体，液体，固体すべてに共通の一般的性質である．現実の気体では γ は 1.4〜1.7 の値をとり，c_P と c_V との差は比較的大きいが，液体および個体では，両比熱の差は c_V の 3〜10％程度である．また，液体や固体を扱う場合の比熱は，通常，定圧比熱 c_P である．これらの比熱については，3.2.2で再度説明する．

　比熱に c_V と c_P が定義されたのと同様に，熱量 Q の場合も，体積一定の Q_V と圧力一定の Q_P の2種類が定義され，式(1.2)から

$$C_V = \frac{\Delta Q_V}{\Delta T} \tag{1.4}$$

$$C_P = \frac{\Delta Q_P}{\Delta T} \tag{1.5}$$

が与えられ，C_V を**定積熱容量**，C_P を**定圧熱容量**と呼ぶ．

　質量 m，比熱 c の物質の温度が ΔT 変化する時の熱量の変化量 ΔQ は

$$\Delta Q = mc\Delta T \tag{1.6}$$

で与えられる．比熱 c は物質固有の物理量である．表1.3に種々の物質の定圧比熱 c_P（1気圧下）の例を示す．式(1.6)から明らかであるが，図1.9に示す

表 1.3 種々の物質の定圧比熱

	物　質	適応温度 [°C]	定圧比熱 [cal/g°C]
液体	純　水	15	1.00
	海　水	17	0.94
	エタノール	20	0.58
	ベンゼン	10	0.34
固体	アルミニウム	25	0.22
	銅	25	0.09
	鉄	25	0.11
	金	25	0.03
	銀	25	0.57
	ダイヤモンド	25	0.12
	氷	−5	0.50
	木　材	20	〜0.4
	ガラス	20	〜0.20
	大理石	20	〜0.21
	コンクリート	20	〜0.20
	ポリエチレン	20	0.52
	ゴ　ム	20	0.2〜0.5
	人体（平均）	20	0.83

＊各物質の比熱は不純物によって変動する．

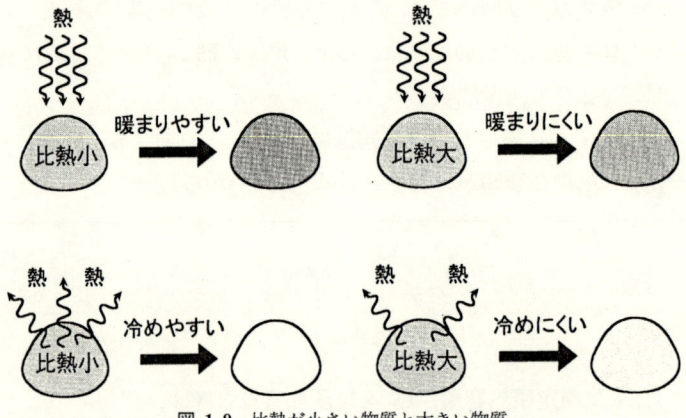

図 1.9　比熱が小さい物質と大きい物質

ように，比熱が小さい物質は暖まりやすく冷めやすく，比熱が大きい物質は暖まりにくく冷めにくい．

ここで表1.3と図1.9を眺めてみると，すべての物質の中で，水の比熱が突出して大きく，水が暖まりにくく冷めにくい物質であることがわかる．また，

金属，ガラス，大理石，コンクリートなどの比熱は小さく，これらは，水と比べれば暖まりやすく冷めやすい物質であることがわかる．これらのことを考えると，表 1.2 で示した"大陸型気候"そして"海洋（海岸）型気候"の原因がよく理解できるのではないだろうか．これらの気候の型は暖まりにくく冷めにくい水（海水）と暖まりやすく冷めやすい陸地との関係で説明できるのである．このような水の熱的性質を利用したものの一つは"水まくら"(最近はほとんど見かけないが) である．なお，人体の比熱が水以外の他の物質と比べるとかなり大きく，水の比熱の値に近いのは，人体の約 65％が水であることを考えれば納得できるだろう．

また，表 1.3 を見て，純水の比熱が 1.00 [cal/g°C] というあまりにもキリがよい数値であることを不思議に思わないだろうか．確かに，一見不思議である．

しかし，よくよく考えてみれば，14.5°C の水 1 g を 15.5°C まで 1°C 高めるのに必要な熱量を 1 cal と定義したのだから，水の比熱が 1 [cal/g°C] になるのは当然なのである．

1.2 力とエネルギー

1.2.1 力と運動
■力

本書は"熱力学"という"力学"について述べるものであるが，"力学（具体的には**ニュートン力学**)"について簡単に復習しておこう．ニュートン力学を熟知している読者は，本節を飛ばしてもよい．

まず，力学の基本中の基本である**力**と**運動**について確認しておこう．

一般社会的な"力"は，国語辞典によれば「人や物や社会を動かしたり変化させたりする根源的なもの」などと説明され，能力，学力，精神力，体力，権力，資力，金力，あるいは魅力，念力などの"力"がある．このように，一般社会的な力は多岐にわたり，それらの相互作用も複雑であるが，幸いにも，物理学で扱う力はかなり単純明快である（その根源が何であるか，の難しさは別として）．例えば，図 1.10 に示すように，静止している物体を動かしたり (a)，物体を持ち上げたり (b)，動いている物体の方向を変えたり (c) する時，力を

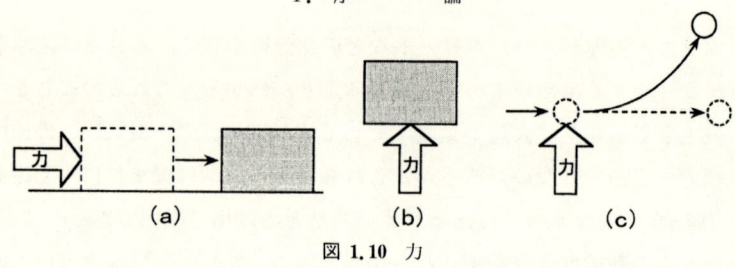

図 1.10 力

加える,あるいは力を働かせる,という.力を働かせると,動いている物体を静止させることもできる.また,物体が高所から落下するのは,**重力**あるいは**万有引力**という力が働くからであり,鉄製の釘が磁石に引きつけられるのは,**磁力**という力が作用するからである,と説明される.

このように,物理学が扱う力とは「物体の運動の状態(速さと方向,つまり**速度**)を変化させるもの」である.物体の運動状態(速度)の変化を数値で表わすものが**加速度**である.いい方を換えれば,加速度は力によって生まれる.物体に力を加えなければ加速度は生まれない.つまり,速度が変化しない(速さも方向も変化しない)ということである.これが有名な**ニュートンの運動の第1法則**あるいは**慣性の法則**と呼ばれるもので,「どんな物体も,その運動状態を変えるような力が加えられない限り,静止の状態または直線上の一様な(等速度)運動を続ける」とまとめられる.

ところで,力と速度の大きさを考えれば,加えられた力が大きいほど大きな加速度を生じることは日常的経験からも明らかであろう.また,加えられた力が同じであれば,質量が大きな物体ほど,そこに生じる加速度が小さいことも経験から明らかであろう.事実,加えられた力 F,物体の質量 m,生じた加速度 α との間には

$$F = m\alpha \tag{1.7}$$

という関係がある(上記の説明から明らかなように F と α はベクトル量である.本来は F, α あるいは $\vec{F}, \vec{\alpha}$ と表示すべきであるが,簡単に F, α と表示する.今後は特に断らないが,以後登場する物理量も含め,これらが大きさと方向を含むベクトル量であることを念頭に置いておけばよい).この式 (1.7) が**ニュートンの運動の第2法則**であり,言葉で表現すれば,「物体に生じる加速

度は，力の大きさに比例し，物体の質量に反比例する」となる．

■力の単位

現象や物体を具体的に認識するために"数値化"は非常に大切であるが，その時，重要な役割を果たすのが**単位**である．例えば，話の途中で，両手の指を拡げて何かを表現したとしても，それだけでは，それが「10本」なのか「10万円」なのか，あるいは「10 km」なのかわからない．たとえ長さのことを意味していることがわかったとしても，単位がなければ，10 mm なのか 10 m なのか 10 km なのかがわからず，コミュニケーションがうまくいかないだろう．

物理学においては単位が重要であることはいうまでもなく，表 1.4 に示すような基本単位と単位系が使われている．それぞれの単位系にはそれぞれの歴史的背景があるが，現在では，1960 年に成立した「国際単位系 (SI)」が国際的な標準単位とされている．なお，"SI"はフランス語の"Système International d'Unités (国際単位系)"の頭文字である．表 1.4 に示されるのは**基本単位**であり，これらを組み立てることによって，表 1.5 に示すような**組立単位**が得られる．

ここで問題にする力の単位は，すでに表 1.5 に与えられているが，その成り立ち（組み立て）について考えてみよう．基本単位は憶えなければ仕方がないが，組立単位については，単に記憶するのではなく，その"組み立て"について理解することが大切である．

力 F と質量 m と加速度 a との関係は式 (1.7) で与えられた．力学の元祖

表 1.4 基本単位とさまざまな単位系

	量	単 位 系			
		MKS	CGS	MKSA	SI
基本単位	長 さ	メートル(m)	センチメートル(cm)	メートル(m)	メートル(m)
	質 量	キログラム(kg)	グラム(g)	キログラム(kg)	キログラム(kg)
	時 間	秒(s)	秒(s)	秒(s)	秒(s)
	電 流	───	───	アンペア(A)	アンペア(A)
	熱力学的温度	───	───	───	ケルビン(K)
	物質量	───	───	───	モル(mol)
	光 度	───	───	───	カンデラ(cd)

表 1.5 組立単位の例

量	名　称	記号	組立内容
面　積	平方メートル	m²	m×m
体　積	立方メートル	m³	m×m×m
力のモーメント	ニュートンメートル	Nm	N×m
速　さ	メートル毎秒	m/s	m÷s
加速度	メートル毎秒毎秒	m/s²	m÷s÷s
周波数	ヘルツ	Hz	1÷s
力	ニュートン	N	m×kg÷s÷s
密　度	キログラム毎立方メートル	kg/m³	kg÷m÷m÷m
圧　力	パスカル	Pa	1÷m×kg÷s÷s
仕事, エネルギー	ジュール	J	m×m×kg÷s÷s
仕事率, 工率	ワット	W	m×m×kg÷s÷s÷s

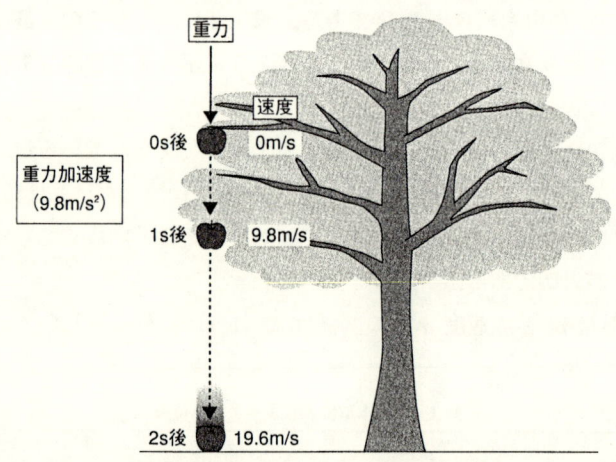

図 1.11　重力によるリンゴの落下

　ニュートン（1643—1727）に敬意を表し，図1.11を用いて式（1.7）の意味を考えてみよう．

　リンゴが木から落ちるのは，前述のように重力という"力"に引かれるからである．そして，この"力"がリンゴに加速度を与える．この加速度は重力加速度と呼ばれ，一般にgの記号で表わし，その値は9.8 $[m/s^2]$であることがわかっている（単位については表1.5参照）．図1.11に示すように，もしリン

ゴが2秒後に地面に落下したとすれば、そのリンゴはおよそ20 mの高さから落下したことになる（t 秒後に落ちたとすれば、その高さ h は $h=\frac{1}{2}gt^2$ で与えられる）。リンゴ（物体）を落とす（動かす）のに要する"力"がリンゴ（物体）の質量に比例することを示すのが式（1.7）である。つまり、

物体の 質量 ×物体が得る 加速度 ＝物体を動かす 力

となり、質量と加速度の単位はそれぞれ kg, m/s² （＝m·s⁻²）だから、力の単位は ［kg］×［m·s⁻²］で［kg·m·s⁻²］となる。ここで、1 kgの質量の物体に1 m·s⁻² の加速度を与える力、つまり 1 ［kg］×1 ［m·s⁻²］＝1 ［kg·m·s⁻²］を 1 N（ニュートン）と定義するのである（1 kg·m·s⁻²＝1 N）。ところで、表1.5にも見られるように、［N］は通常［m·kg·s⁻²］と示されるが、［N］の"組み立て"を考えれば、私は［kg·m·s⁻²］と表示されるべきであると思う。

■圧力

本書では、第2章以下で熱力学について本格的に述べるのであるが、熱力学という"力学"において、極めて重要な役割を果たす**圧力**という力について触れておかねばならない。

"圧力"という言葉も日常的にしばしば使われる。簡単にいえば、「押さえつける力」のことである。社会的な圧力としては、自由な精神活動や行動を押さえつけようとするようなものがあり、その中味は複雑である。しかし、物理学的な圧力は、ありがたいことに、単純に「互いに押し合う対の力」のことである。

われわれにとって、最も身近な"物理的圧力"は気圧（大気圧）かも知れない。気圧は、天気予報や天気図の主役でもある。特に、台風がやってきた時などは、気圧が大きくクローズアップされる。図1.12は、ある日（実は、私がこの原稿を書いている日）の新聞に載った天気図である。「高」「低」というのは、それぞれ「高気圧」「低気圧」の意味で、965, 1000などの数値が気圧を意味している（その単位については後述する）。

さて、圧力を物理的に考えてみよう。

図1.13に示すように、空間に一つの面を考える。この面は実在の面でも想像上（バーチャル）の面でもかまわない。この面に垂直に働く一対の力を考える。

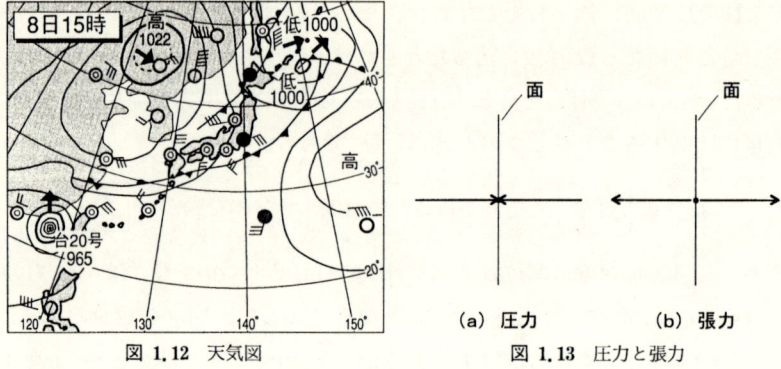

(a) 圧力　　　(b) 張力

図 1.12　天気図　　　図 1.13　圧力と張力

この場合，互いに向い合って押し合う力(a)と，互いに遠ざかろうとする力(b)の二種類がある（二つの力の方向が同じ場合もあるが，この場合，力は面に働かない）．前者の対の力を**圧力**，後者の対の力を**張力**と呼ぶのである．

ここで，〈圧力〉=〈力〉/〈面積〉とし，単位面積（1 m²）当たりに1 Nの力が働いている時の圧力の大きさを1 Pa（パスカル）と定義する．つまり，

$$\begin{aligned} 1\,[\mathrm{Pa}] &= \frac{1\,[\mathrm{N}]}{1\,[\mathrm{m}^2]} \\ &= \frac{1\,[\mathrm{m\cdot kg\cdot s^{-2}}]}{1\,[\mathrm{m}^2]} \\ &= 1\,[\mathrm{m^{-1}\cdot kg\cdot s^{-2}}] \end{aligned} \tag{1.8}$$

となる（表1.5参照）．なお，このPa（パスカル）は，フランスの数学者，物理学者，そして哲学者であるパスカル（1623–62）の名前にちなんだものである．

ここで，話を気圧に戻す（図1.12参照）．

昔，気象関係では気圧の単位に［ミリバール (mb)］が使われ，図1.12のような天気図で「台風20号の中心の気圧は965ミリバール」というようにいわれていた．しかし，現在では，SIの［Pa］に合わせ，［ヘクトパスカル (hPa)］が使われている．ヘクト (h) は10^2を表わす接頭語である．幸いにも，1 mb = 1 hPaなので，図1.22の気圧を表わす数値は[hPa]の単位で読んでも，[mbar]の単位で読んでもまったく問題ない．1.1.2の温度目盛のところでも述べたように，誰でも使い慣れた単位というものを持っているので，天気図の気圧に単

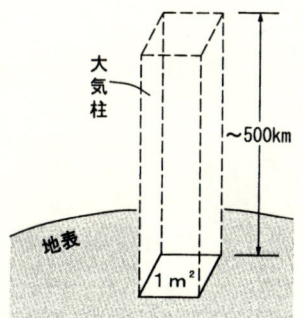

図 1.14 気圧の"源"

位を入れていないのは，一つの「親切」かも知れない（事実，私は，現在使用されている［ヘクトパスカル］よりも［ミリバール］の方に慣れている）．

ところで，気圧の"源"は何か．

それは，図1.14に示すように，その上に積もった大気柱が1 m²の面積に及ぼす圧力のことである．つまり，大気圧というのは大気（空気）の重さがのしかかって生じるものである（このへんの話は**トリチェリーの真空**のことを思い出すとわかりやすいだろう）．地球の大気層の厚さはおよそ500 kmと考えられているので，1 m×1 m×500 kmの体積の大気が及ぼす圧力が地表（海面）の気圧ということになり，これを1気圧(atm)とし，**標準気圧**と呼ぶ．［気圧］と［Pa］との関係は

$$\begin{align} 1 \,[気圧\,(\text{atm})] &= 1.01325 \times 10^5 \,[\text{Pa}] \\ &= 1013.25 \,[\text{hPa}] \\ &= 1013.25 \,[\text{mb}] \end{align} \tag{1.9}$$

となる．

図1.14に示す大気柱の大気密度は一定ではなく，上空に行くにつれて気圧は低くなり，5 km上昇するごとに約1/2になることが知られている．

■**運動量**

同じ速さで直線道路を走行する大型ダンプカーと軽自動車が正面衝突したとすれば，軽自動車側の被害が圧倒的に大きいことは容易に想像できる（経験的に知っている読者が一人もいないことを祈る）．それは，直感的に重さ（質量）

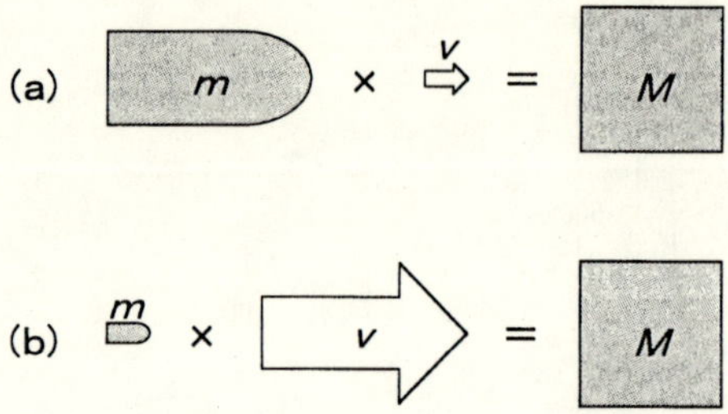

(a) [m] × ⇨v = [M]

(b) [m] × ⇨v = [M]

図 1.15 運動量 $M\ (=mv)$

の違いによるものと理解できるだろう．また，重い物体Aと軽い物体Bが同じ速度で動いているとすれば，Aを止めるのはBを止めるより難しい（より大きな力を必要とする）ことは，誰でも経験から知っている（だから，単純にいえば，相撲では軽量力士より重量力士の方が有利ということになっているのである）．このような事実は，"**運動量の差**"ということで説明される．運動量とは，いわば，運動の"勢い"を表わす量のことで，〈質量〉×〈速度〉で定義され，それを M とすれば

$$M = mv \tag{1.10}$$

と表わされる．なお，"運動量"を表わす記号としては，"P"が使われることが多いが，本書では，後述する"圧力 (pressure)"に"P"を用い，"運動量 (momentum)"には"M"を使うことにする．

式 (1.10) の定義から明らかなように，運動する物体は質量が大きいか，速度（速さ）が大きいか，それらの両者が大きい時，大きな運動量を持つのである．なお，質量と重さ，速度と速さとの違いについては，力学の教科書などで確認しておいていただきたい．

だから，図1.15に模式的に示すように，大型ダンプカーや巨大な船 (a) は，小さな速度で動いている場合でも大きな運動量を持つし，小さな弾丸 (b) も高速で飛ぶならば大きな運動量を持つのである．ダンプカーや弾丸が壁に衝突した時に生じる"破壊"は，運動量が変化した衝撃力によってもたらされるものである．

さて，ここで力 F と運動量 M との関係を調べてみよう．

加速度 a は速度 v の時間的変化だから，

$$\alpha = \Delta v / \Delta t \tag{1.11}$$

と考えることができるだろう．式 (1.7) から求められる $m = F/\alpha$ を式 (1.10) に代入すると

$$M = \frac{F}{\alpha} v \tag{1.12}$$

となり，ここに式 (1.11) を代入すると

$$\Delta M = F \cdot \Delta t \tag{1.13}$$

が得られる．実は Ft（$= mv$ の変化）は**力積**と呼ばれるものなのであるが，ここでは式 (1.13) の運動量に注目すると，「力の時間的な効果（$F \cdot \Delta t$）が運動量になった」あるいは「運動量は力の時間的な効果である」と考えることができる．

1.2.2 エネルギー
■エネルギーと仕事

われわれの日々の活動の源は**エネルギー**であり，それは体内に保持される活気，精力である．われわれが生きていく上で，エネルギーは不可欠である．また，あらゆる科学の分野で最も重要な概念も，このエネルギーと物質である．宇宙，自然界は，物質とエネルギーの組み合わせで作りあげられている．物質が構成要素でその構成要素を動かすのがエネルギーである．

物質は，実質のある"もの"であり，その概念は理解しやすい．物質は素材であり，空間を占めるので，その大きさと手段は別としても"形"として認識できる．実は，このような"実質"を物理学では**質量**と呼ぶのである．つまり，物質とは「質量（日常用語でいえば"重さ"）があるもの」である．このような物質（質量）については，「物質は形がどのように変化しても，その質量は不変である」という，極めて重要な法則（**物質不滅の法則**あるいは**質量保存（不変）の法則**）がある．

一方のエネルギーは抽象的であり，エネルギーそのものを，少なくとも人間（常人）の五感で"形"として認識することはできない．社会学や経済学，ある

いは宗教におけるエネルギーはともかく，物理学におけるエネルギーは，「自然界に起こっている様々な変化の原動力になる能力」と考えればよい．

振り上げたハンマーには釘を打ち込む能力があり，飛んでいくミサイルには飛行機を破壊する能力があり，熱には機関車を動かす能力があり（残念ながら，蒸気機関車を実際に見る機会はほとんどなくなってしまったが），電気や放射線にもさまざまな**仕事**をする能力がある．このような，物体に仕事をさせる能力を持つ"何か"のことを**エネルギー**というのである．

いま，"物体に仕事をさせる能力を持つもの"をエネルギーと呼んだのであるが，ここで，物理学的な"仕事"について定義しておこう．

日常生活において"仕事"という言葉はしばしば使われるが，物理用語としての"仕事"は「物体に力を F を作用させ，距離 L だけ動かした時の〈$F \times L$〉」と定義される．つまり，仕事を W とすれば

$$W = FL \tag{1.14}$$

であり，式 (1.7) を式 (1.14) に代入すれば

$$W = m\alpha L \tag{1.15}$$

となる．

この仕事 W の単位は，m に [kg]，α に [m/s^2]，L に [m] を代入し，[m^2·kg·s^{-2}] となる(表1.5参照)．なお，表1.5に見られる [J] については1.3.2で述べる．

さて，エネルギーには，その"源"から，力学的エネルギー，熱エネルギー，電気エネルギー，化学エネルギー，核エネルギーなどと呼ばれるものがある．力学的エネルギーには重力の**位置エネルギー**と**運動エネルギー**の2種類がある．

本書の主役は**熱エネルギー**であるが，それと密接に関係する力学的エネルギーについて簡単に復習しておこう．

■**力学的エネルギー**

いま，図1.16に示すように，質量 m のボール（物体）を床から h の高さに持ち上げたとする．そのためには，式 (1.15) から明らかなように，重力に逆

1.2 力とエネルギー

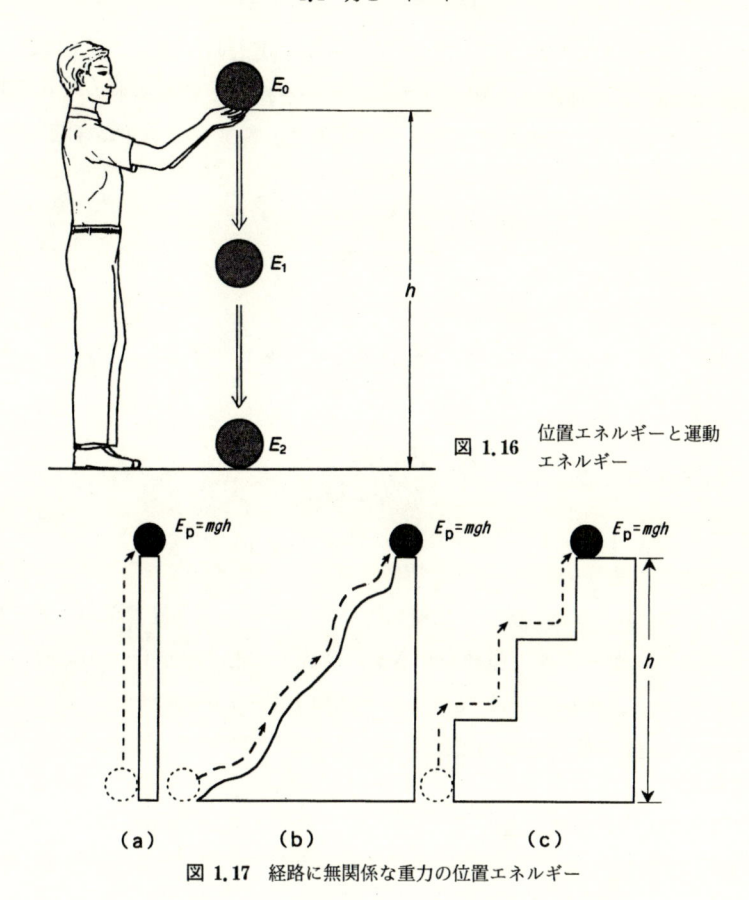

図 1.16 位置エネルギーと運動エネルギー

図 1.17 経路に無関係な重力の位置エネルギー

らった仕事 mgh が必要である．換言すれば，h の高さまで持ち上げられたボールは，床にあった時と比べて mgh のエネルギーを与えられた（持っている）ことになる．このようなエネルギーを**位置エネルギー**といい，E_P で表わすことになる．この位置エネルギーの特徴は，図 1.17 に示すように，その高さまで到達する経路には無関係であり，結果的な高さ h のみに関係し

$$E_P = \langle 重さ \rangle \times \langle 高さ \rangle$$
$$= mgh \tag{1.16}$$

で与えられることである．

図1.16に示すボールから手を離せば,ボールは重力の加速度に従って落下する.前述のように,運動する物体はエネルギーを持ち,このエネルギーを**運動エネルギー**と呼びE_Kで表わす.速さvで運動する質量mの物体の運動エネルギーE_Kは

$$E_K = \frac{1}{2}mv^2 \qquad (1.17)$$

で与えられる.

ある物体(あるいは"系")が持つ全力学的エネルギーEは,E_PとE_Kの和として表わされ

$$\begin{aligned} E &= E_P + E_K \\ &= mgh + \frac{1}{2}mv^2 \end{aligned} \qquad (1.18)$$

で与えられる.

図1.16に示すように,高さhに持ち上げたボールから手を離せば,ボールは重力の加速度に従って落下運動をするが,高さhで静止状態($v=0$),落下途中($h=h_1,\ v=v_1$),床に落下時($h=0,\ v=v_2$)のボールが持つ全力学的エネルギーをそれぞれ$E_0,\ E_1,\ E_2$とすれば,式(1.18)より

$$E_0 = mgh \qquad (1.19)$$

$$E_1 = mgh_1 + \frac{1}{2}mv_1^2 \qquad (1.20)$$

$$E_2 = \frac{1}{2}mv_2^2 \qquad (1.21)$$

となる.ただし,この場合,ボールと空気,床との間の摩擦あるいはそれによって生じる熱などは無視している.

先に,質量保存の法則について触れたが,エネルギーについても同様な**エネルギー保存(不変)の法則**があり,

$$E_0 = E_1 = E_2 \qquad (1.22)$$

である.

式(1.13)から「力の時間的効果が運動量になる」と述べたが,式(1.18)

を眺めると，h も v も基本的には物体の空間的位置に関わるものなので，「力の空間的効果がエネルギーになる」といえるだろう．このことは，力学的エネルギーの場合のみではなく，熱エネルギーや電気エネルギーなどすべてのエネルギーに共通していえることなのである．

■**質量とエネルギー**

ここで少々ショッキングなことに触れておかねばならない．

本項の冒頭で，物質とエネルギーとは互いに別のものである，と述べたのである．つまり，物質はものであって，ある"実質"を持つが，エネルギーには"実体"がなく，これはものではない．したがって，物質を規定する質量とエネルギーとは，互いに関係のない独立した概念として扱われてきたのである．そして，質量保存（不変）の法則とエネルギー保存（不変）の法則という極めて重要な法則が物理学において君臨していた．

しかし，20世紀になって，アインシュタイン（1879—1955）によって発見された**特殊相対性理論**によって，質量とエネルギーは相互に転換されるものであることが明らかにされたのである．アインシュタインの特殊相対性理論は，まさに革命的な理論なのであるが，その最大の革命性は，質量とエネルギーとが本質的に同じものであることを発見したことである，と私は思う．このことは，

$$E = mc^2 \qquad (1.23)$$

という有名な，そして簡単な式で表現されている．c は光速（$\sim 3.00 \times 10^8$ m/s）と呼ばれる定数である．

ここで誤解してはならないのは，式（1.23）は，例えば，燃料のような物質を燃やすとエネルギーが得られるというようなことを表わしているのではないことである．式（1.23）は，質量そのものとエネルギーとが等価であることを意味しているのである．それまでの物理学が考えていたように，質量とエネルギーとは互いに関係のない独立した概念ではなく，等価の概念なのである．

式（1.23）の mc^2 を**質量エネルギー**と呼ぶが，質量1 g（物質は何であってもよい）は 9×10^{13} J のエネルギーに相当するのである．例えば，水（H_2O）1 g を 1°C 高めるのに必要なエネルギーが 4.2 J であることを考えると，上記の質量エネルギーがいかに膨大なものであるかがわかるであろう．実は，原子爆弾や

原子力発電に利用されるのが，この質量エネルギーなのである．
　また，式（1.23）から必然的に導かれることは，必ずしも上述の質量およびエネルギーの保存則が独立に成り立つことはなく，それぞれ個別の"保存則"は「エネルギーと質量の合計に対する保存則」に一般化されなければならないことである．

チョット休憩●1　　　　　　　　　　プロメテウス

　本章の冒頭で述べたように，地球上の生物の中で人類だけが高度の文明を持つようになったのであるが，その発端の一つは，人類が火を使う技術を身につけたことである．
　ギリシア神話によれば，人類に火と智慧とさまざまな技術を授けてくれたのはプロメテウス（Prometheus）である．
　それではなぜプロメテウスは人類に火と智慧と技術を授けてくれたのだろうか．
　その答を示す面白い話がプラトンの『プロタゴラス』（藤沢令夫訳，岩波文庫）に述べられている．その要点をまとめてみると，およそ次の通りである．

　昔は神々だけがいて，死すべき者どもの種族はいなかったのだが，やがて神々は死すべき者どもの種族を形造った．神々はプロメテウスとエピメテウスの兄弟神を呼んで，それぞれの種族に，いかなる種族も決して滅び消えることがないように，能力の分配を命じた．エピメテウスはプロメテウスの了解を得て，一人で分配をはじめた．
　エピメテウスは，強さ，速さ，翼，毛皮，多産性などの能力を各種族に平等となるように配分した．例えば，弱小な種族には速さと多産性を与える，などの工夫をしたのである．そして，お互い同士が滅ぼし合うことを避けるための配慮も忘れなかった．
　しかし，このエピメテウスは，すべての能力を動物たちのために，すっかり使い果してしまい，人類に割り当てられるべき能力が皆無になってしまった．
　分配の結果を検査するためにやってきたプロメテウスは，この事態に驚いた．人類だけは何の能力も持っておらず，しかも丸裸ではないか．このままでは，人類はすぐにでも滅びてしまうだろう．

そこでプロメテウスは，人類のためにどのような保全の手段，能力を授けるべきか困った挙句，ヘパイストス（鍛冶，工作の神）とアテナ（智慧，技術の神）のところから，火と技術と智慧を盗み出して，哀れ，惨めな人類に授けたのである．

　何とありがたいことか．エピメテウスのために滅亡の危機に瀕した人類はプロメテウスに救われたのである．まさに，プロメテウスは人類の大恩神であった．
　しかし，プロメテウスは，ギリシアの最高神ゼウスの怒りを買い，コーカサスの山の岩角に鎖で縛り付けられ，苛酷な罰を与えられることになる．
　人類の大恩神・プロメテウスが，なぜ，ゼウスに罰せられたのか．読者自身で考えて欲しい．私自身，長い間，理解できなかったことなのである．

（拙著『文明と人間』丸善ブックス参照）

■演習問題

1.1 古来，熱を物質（元素）の一種であると考える"熱素説"が信じられてきたが，この熱素説を実験事実をもとに否定せよ．

1.2 日常的に使われる「風邪をひいて熱がある」という表現は物理学的にいえば正しくない．物理学的にはどのようにいうべきか．

1.3 温度と熱の違いを簡潔に述べよ．

1.4 温度計の原理を簡潔に述べよ．

1.5 "大陸型気候"，"海洋型気候"の要因を説明せよ．

1.6 20°Cに保たれた物体Aと100°Cに保たれた物体Bがある．質量はともに等しい．これらの物体を理想的に接触させて一定時間放置したところ，全体は一様な温度40°Cになった．物体A, Bの比熱をそれぞれc_A, c_Bとし，c_A/c_Bを求めよ．ただし，熱は一切失われないとする．

2 気体と熱の仕事

　熱はわれわれにとって極めて身近なものである．なぜならば，われわれが意識しているかどうかは別にして，熱がいろいろな仕事をしてくれるからである．つまり，熱はエネルギーなのである．

　熱がいかなるものであるか，エネルギー，仕事とは何か，については前章で概観した．本章では，「熱力学」の諸法則を学ぶ準備として気体と熱の仕事について述べる．「まえがき」でも述べたように，本書は「固体の熱力学」の基礎を理解することを一つの目標にしているのであるが，熱力学の歴史や内容を考えると，気体の性質とその挙動について

煙を上げて走る蒸気機関車 D51
（武藤理也氏撮影）

概観しておく必要がある．また，熱が行なう仕事は気体という**作業物質**を通して考えると理解しやすい．事実，日常生活の中で，熱の仕事を実感するのは，沸騰した水が，つまり蒸気がやかんや鍋のふたを持ち上げるのを見る時ではないだろうか．また，最近では特別な場所へ行かなければ見ることができないが，私が小さい頃はどこででも見ることができた蒸気機関車（SL）はまさに蒸気の力を見せつけてくれるものだった．

2.1 気体

2.1.1 気体の性質

物質は，その物理的状態，具体的には原子あるいは分子の配列の仕方によって，**気体**，**液体**，**固体**の 3 態に分類される．同じ元素から成る物質のそれぞれの特徴を模式的に描いたのが図 2.1 である．図中，●は原子(あるいはイオン，分子)を表わす．身近な例として，H_2O 分子から成る蒸気（気体），水（液体），そして氷（固体）を思い浮べれば理解しやすいだろう．

気体を構成する原子は離れ離れになり，ほとんど自由に運動している．したがって，気体は定まった形を持たないばかりでなく，自ら限りなく膨張しようとする(つまり，定まった体積を持たない)．気体の温度を下げていくと，気体を構成する原子の運動エネルギーが減少し，原子間に作用する力が大きな役割を果たすようになり，離れ離れの状態を保てなくなって液体に変わる．液体も定まった形を持たないが，一定温度においては一定の体積を持つ．さらに温度を下げると，原子同士のより大きな結合力によって原子が"固定"されて固体になる．

例えば，なるべく低温に置かれた空のペットボトルのような容器（中には空気が入っている）の栓を閉め，それを炎天下に放置すれば，その容器の栓が飛ぶか，容器自体が破裂するかも知れない．これは，高温になった容器内の空気が膨張し，容器内の圧力が大きくなった結果である．もちろん，温度の上昇に応じて膨張するのは，液体や固体でも同じであるが，気体の場合は温度・体積・

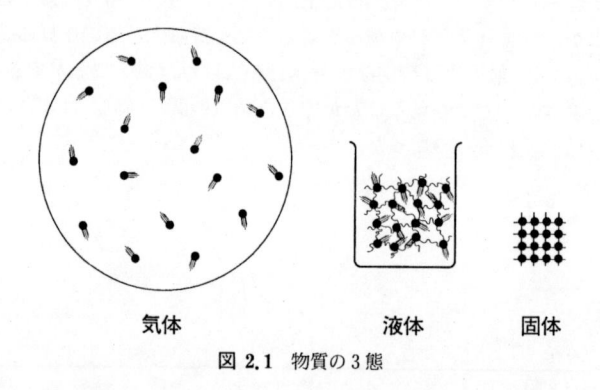

図 2.1 物質の 3 態

図 2.2 ボイルの法則

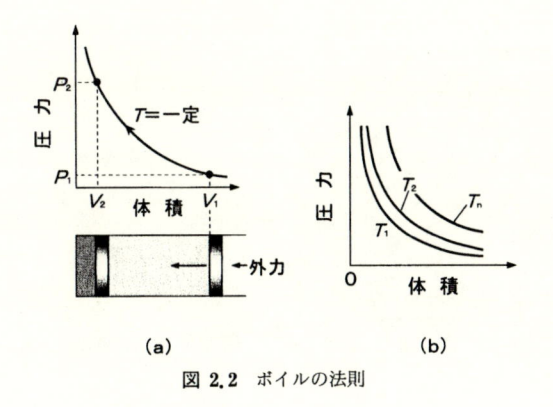

圧力の関係が極めて明瞭に実感できるのである．

閉じ込められた気体の圧力と体積との関係を最初に数量的に明らかにしたのはイギリスのボイル（1627—91）である．

図2.2(a)は，容器に密封した気体を一定温度 T に保ったまま外力によって圧縮（**等温変化**）していった場合の体積と圧力との関係を示すものである．この時，ボイルは，ある一定の条件下では，$P_1V_1=P_2V_2=\cdots=P_nV_n=$一定であることを発見したのである．つまり，この時の温度を T_1 とし，その一定値を C_1 とすれば（"一定値"は後述するように条件によって異なる値となる）

$$PV = C_1 \qquad (2.1)$$

となる．一定温度を $T_2,\cdots,T_n$ と変えると，図2.2(b)に示すような関係が得られ，一般に，温度 T_n の条件下では

$$PV = C_n \qquad (2.2)$$

が成り立つ．これを**ボイルの法則**という．式(2.2)はおなじみの直角双曲線（$xy=a$）の式である．図2.2(b)に示される関係，つまり，気体の温度・体積・圧力（**状態量**）の関係を立体的に表示すると図2.3のようになる．

気体の挙動を考える時，これらの三つの状態量のうちの一つを固定して，他の二つの状態量の関係を調べることが多い．温度 T，体積 V，圧力 P を固定した変化を，それぞれ**等温変化**（前出），**定積変化**，**定圧変化**と呼ぶ．上に示した

図 2.3 気体の温度,体積,圧力の関係

図 2.4 シャルルの法則

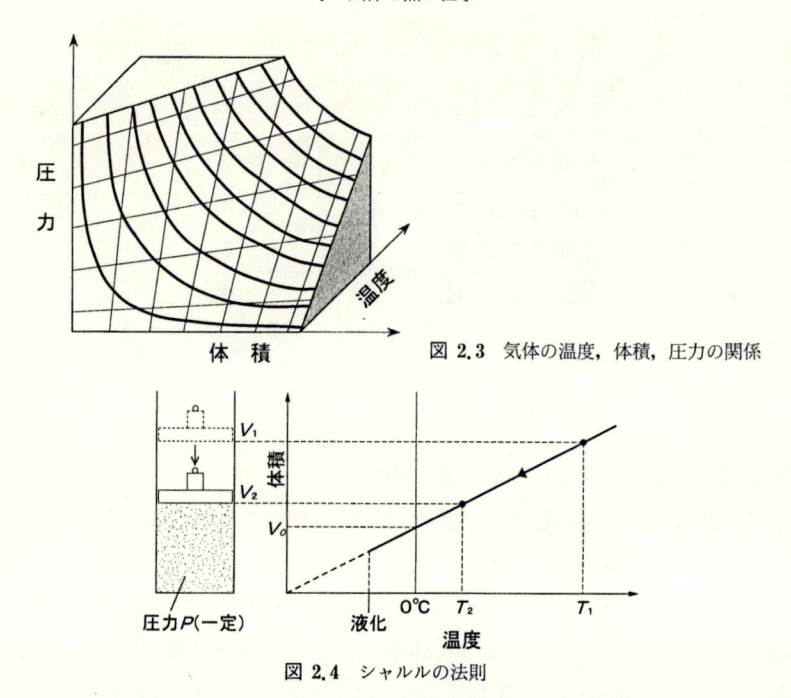

図 2.2,式 (2.2) で表わされるボイルの法則は等温変化を扱うものであった.

圧力を一定にした場合(**定圧変化**)の気体の温度と体積との関係を調べたのはフランスのシャルル(1746—1823)である.密封した気体の圧力を一定に保ち,温度 T を変化させた時の体積 V の変化を調べると,図 2.4 に示すように,V は T の変化に対して直線的に変化することが見出された(気体の温度を一定温度以下にすると気体は液化してしまう).つまり,0℃の時の気体の体積を V_0 とすれば,一定圧力 P のもとで

$$V = V_0(1+\alpha T) \tag{2.3}$$

の関係が成り立つ.ここで,α は**熱膨張係数**と呼ばれるもので,温度変化に対する体積変化の割合を示している.式 (2.3) に示される関係を**シャルルの法則**という.

図 2.4 に示される気体の温度と体積との関係(おなじみの $y=ax$ の関係である)を単純に表わせば

$$\frac{V}{T}=C \qquad (2.4)$$

となる（ただし，Cは定数）．

式 (2.1) と式 (2.4) から（定数を新たにCとして），

$$\frac{PV}{T}=C \qquad (2.5)$$

という関係が導かれ，これを**ボイル-シャルルの法則**と呼ぶ．そして，このボイル-シャルルの法則に従う気体を**理想気体**というのである．

理想気体は，気体を構成する分子が質点，つまり質量は持っているものの大きさがなく，さらに分子間力，分子間の相互作用が存在しない，というものである．したがって，このような"理想気体"が実在することはなく，**実在気体**に対しては，後述するように，式 (2.12) の修正が必要となる．

2.1.2 熱力学的温度

図 2.4 に示すように，気体を冷却する（気体から熱を奪う）と液化する．逆に，液化した気体（実際は"液体"であるが）に熱を与えれば気化する．つまり，気化には**気化熱**という熱が必要である．このような気体（**冷媒**と呼ばれる）の性質を利用したのが冷蔵庫やエアコンである．一般にアンモニアやフロン系の気体が冷媒として使われているが，これらは室温で圧縮しても液化するからである．この液体が気化する時，周囲から気化熱を奪うことによって周囲を冷却することを応用したのが，冷蔵庫やエアコンなのである．

冷蔵庫などに冷媒として使用されているアンモニアなどの気体は室温で圧縮しても液化するのであるが，ある温度（**臨界温度**という）以下にしないと，圧縮しても液化しない気体もある．そのような例を表 2.1 に示す．つまり，例え

表 2.1 物質（気体―液体）の臨界温度の例

物　質	臨界温度 [℃]
酸素 (O)	−118.8
アルゴン (Ar)	−122.4
窒素 (N)	−147.2
水素 (H)	−239.9
ヘリウム (He)	−267.9

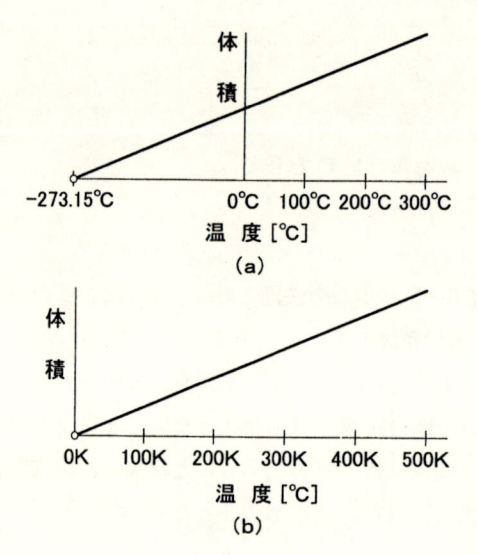

図 2.5 摂氏温度(a)と絶対温度(b)

ば，ヘリウムの気体は−268°Cぐらいまで冷やさないと液化しないのであるが，いずれにせよ，すべての気体は図 2.4 に示されるような挙動を示すのである．ここで，気体の温度 (T) − 体積 (V) の関係を示す直線を低温側に延長すれば $V=0$ の点に到達することがわかるだろう．どんな物質であれ，その体積がゼロ，あるいはマイナスになることはあり得ない，つまり $V>0$ でなければならないので，仮想的に $V=0$ になる時の温度が，理論的な"最低温度"ということになる．

この理論的な"最低温度"は図 2.5(a) に示すように−273.15°Cと求められている．この−273.15°C以下の温度は理論的にあり得ないので，−273.15°Cを"絶対零度"とし，(b) に示す**"絶対温度"**を定めることにする．この絶対温度は，熱力学的に規定されたものなので，**熱力学的温度**(あるいは**熱力学的絶対温度**)とも呼ばれる．"熱力学"を扱う本書では，以後，主として"熱力学的温度"を使うことにする．

熱力学的温度の単位には [K] が用いられ"ケルヴィン"と読む（表 1.4 参照）．この"ケルヴィン"は，1848 年に図 2.5(b) に示す絶対温度目盛を導入したイギリスの物理学者トムソン，後のケルヴィン卿（1824—1907）の名にちなんだものである（チョット休憩● 3 参照）．

ここで，摂氏温度を θ [°C]，熱力学的温度を T [K] とすれば，それらの間には

$$T[\text{K}] = (\theta + 273.15)[°\text{C}] \tag{2.6}$$

の関係がある．なお，時々，[°K]（"度・ケイ"と発音）という表示を見かけるが，これは正しくない．また [K] を"ケイ"と読む人も見かけるが，これも避け"ケルヴィン"，例えば"10 K"は"10・ケルヴィン"と読む習慣をつけていただきたい．式 (2.6) によれば，0°C は 273.15 K（ケルヴィン）であり，0 K（ゼロ・ケルヴィン）は −273.15°C，ということになる．

なお，単位 [°C] に対応する温度間隔と単位 [K] に対応する温度間隔とは互いに等しく，1[°C]＝1[K]（あくまでも"温度間隔"であることに注意）である．また，温度間隔（基本単位）としての 1 K は，水（H_2O）の**三重点**（0°C）の熱力学的温度の 1/273.15 と定義されている．

ところで，図 2.4 は，一定圧力下で温度が上昇すると，気体の体積は直線的に増大することを示すものであるが，温度が 1°C 上昇するごとに体積は，0°C の時の体積 V_0 の 1/273.15 ずつ増大するのである．したがって，式 (2.3) は

$$V = V_0\left(1 + \frac{\theta}{273.15}\right) \tag{2.7}$$

と書き改めることができる．式 (2.7) を**ゲイ・リュサックの法則**と呼ぶ（シャルルの法則を発展させたものである）．

2.1.3 理想気体の状態方程式

一般に，物質の状態は，温度 T，体積 V，圧力 P を変数(**状態変数**)とすると，適当な関数 f を用いて

$$f(T, V, P) = 0 \tag{2.8}$$

で表わせ，これを**状態方程式**と呼ぶ．これは，T, V, P のうち二つの状態量を決めると，それに従って残りの一つの状態量が確定することを示している．

ここで，ボイル-シャルルの法則の状態方程式を考えてみよう．

気体の体積 V と圧力 P は閉じ込められた気体の量に比例する．表 1.4 に示

したように，国際単位系（SI）では，物質量の単位として［モル (mol)］が使われる．この**"モル"**は，「化学」の分野ばかりでなく，熱力学においても非常に重要な単位なので，ここで説明しておくことにする．

原子や分子から成り立っている物質の量，つまり物質量を扱う場合，何らかの規準となる"数"があれば便利である．その"数"として規定されているのが**アヴォガドロ数**（一般に記号 N_A で表わされる）と呼ばれるもので，「炭素の同位体 ^{12}C の 12 g 中に含まれる炭素原子の数（$6.02×10^{23}$ 個）」である．このアヴォガドロ数を規準にして，SI に従い物質量を表わす単位［モル (mol)］が次のように，いくつかの仕方で定義された．

(1) アヴォガドロ数と等しい粒子数を含む物質の物質量を 1 モルとする．
(2) 物質 1 モルはアヴォガドロ数に等しい数の粒子を含む．
(3) $6.02×10^{23}$ 個の粒子から成る物質の物質量は 1 モルである．

つまり，$N_A=6.02×10^{23}$ ［物質粒子/mol］と定義される．

ここで，式 (2.5) を見直してみよう．

左辺の PV/T は，前述のように，気体の量に比例するので，その気体の量を "n モル" で表わすことにすると，右辺の定数 C は "n" に比例することになる．つまり，$C \propto n$ である．ここで，新たに比例定数 R を導入すると

$$C = nR \tag{2.9}$$

となり，これを式 (2.5) に代入すると

$$\frac{PV}{T} = nR \quad \text{または} \quad PV = nRT \tag{2.10}$$

が得られる．この式 (2.10) は，**理想気体の状態方程式**と呼ばれるものである．換言すれば，式 (2.10) の状態方程式に従うような気体が "理想気体" である．また，式 (2.10) の中の比例定数 R は**気体定数**と呼ばれ，

$$R = 8.31451 [\mathrm{JK^{-1}mol^{-1}}] \tag{2.11}$$

という値をとる．［J］は，仕事・エネルギー量の単位（表 1.5 参照）で，その意味については後述する．

繰り返し述べたように，上述の議論は"理想気体"についてのものであり，厳密には**実在気体**の挙動を説明するものではない．しかし，実在気体の大まかな挙動を説明するものであることは間違いない．

実在気体を構成する分子には，大きさも分子間の相互作用も存在するので，それらを考慮して，式 (2.10) を補正しなければならない．実在気体に適用できる状態方程式は数多くの研究者によって提案されているが，その中で，化学結合の"ファン・デル・ワールス力"でも有名なオランダのファン・デル・ワールス (1837—1923) が1873年に，半経験的に提案した

$$\left(P + \frac{n^2 a}{V^2}\right)(V - nb) = nRT \tag{2.12}$$

が最もよく知られている．ここで，a は分子間力に，b は分子の体積に関係した定数（**ファン・デル・ワールス定数**と呼ばれる）で，それぞれの気体（物質）に固有の値である．

2.1.4　分子運動論

いま，理想気体の"状態 (P, V, T)"について述べたのであるが，その気体は，図2.6(a)に示すように，体積 V の"塊（かたまり）"あるいは"連続体"として扱われたのである．これは，気体をマクロ的に考えた場合である．このような気体を**マクロ気体**（別名"理想気体"である）と呼ぶことにしよう．しかし，実際の気体をミクロ的に見れば，図2.6(b)に示すように，無数の分子か

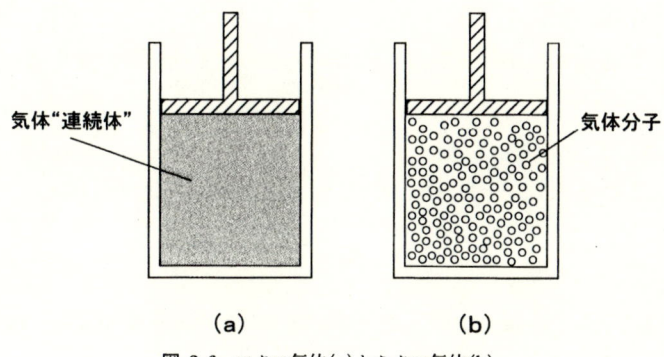

図 2.6　マクロ気体(a)とミクロ気体(b)

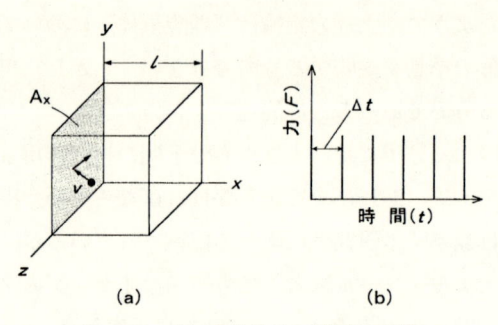

図 2.7 1個の気体分子の容器内の移動

ら成っている(アヴォガドロ数を思い出していただきたい).このような気体を**ミクロ気体**と呼ぶことにしよう.誤解のないように書き添えるが,マクロ気体とミクロ気体とは互いに"別物"なのではなく,同じ気体に対し"見方"あるいは"考え方"が違う,ということなのである.気体を"連続体"としてではなく,個々の構成分子に着目するミクロ的な考え方を**分子運動論**という.

以下,気体の分子運動論について簡単に触れておこう.個々の数式にとらわれることなく,"考え方"をよく理解して欲しい.

まず,気体の圧力について考えてみよう.

気体分子を質量 m の粒子と考える.図2.7(a)に示すように,1個の分子が速度 v で,1辺 l の立方体容器内を自由に飛び回り,壁に完全弾性衝突を繰り返しているとする.いま,このような運動の x 成分のみに着目し,A_x 面に与える圧力について考えることにする.速度 v の x 成分を v_x とすれば,気体分子は $2l/v_x$ の時間間隔で A_x 面に垂直に衝突することになる.衝突前後で速度が v_x から $-v_x$ に変化するから,その1回の衝突における運動量の変化 ΔM は

$$\Delta M = mv_x - (-mv_x) = 2mv_x \tag{2.13}$$

となる.この分子が,時間 Δt ごとに A_x 面に衝突するとすれば

$$\Delta t = \frac{2l}{v_x} \tag{2.14}$$

である(なお,以下の議論では v を速度の絶対値,つまり速さと考えればよい).この時,分子が A_x 面に及ぼす力 F は,式 (1.13) より

$$F = \frac{\Delta M}{\Delta t}$$
$$= \frac{2}{2} \frac{mv_x}{l/v_x} = \frac{mv_x^2}{l} \tag{2.15}$$

となる．このことを時間軸で示したのが図2.7(b)である．A_x面には，式(2.15)で表わされる力がΔtごとにパルス的に与えられる．

次に，容器の中に無数の，例えばN個の気体分子が含まれている場合を考える．便宜的に，その気体分子に1からNまでの番号をつける．それらの気体分子の速さのx成分を$v_{x1}, v_{x2}, \cdots, v_{xN}$とすれば，$A_x$面が受ける力$F$は，式(2.15)より

$$F = \frac{m}{l}(v_{x1}^2 + v_{x2}^2 + \cdots v_{xN}^2)$$
$$= \sum_{i=1}^{N} \frac{m}{l}(V_{xi})^2 \tag{2.16}$$

となる．これらのN個の分子の速さの2乗の平均を$\overline{v_x^2}$とすれば

$$\overline{v_x^2} = \frac{v_{x1}^2 + v_{x2}^2 + \cdots + v_{xN}^2}{N} \tag{2.17}$$

で与えられるので，式 (2.16) は

$$F = \frac{m}{l} N \overline{v_x^2} \tag{2.18}$$

となる．ここで，気体分子の速度$v(v_x, v_y, v_z)$を考えると，ベクトルの性質から

$$v^2 = v_x^2 + v_y^2 + v_z^2 \tag{2.19}$$

なので，

$$\overline{v^2} = \overline{v_x^2} + \overline{v_y^2} + \overline{v_z^2} \tag{2.20}$$

となる．また，容器内の気体分子の運動がランダム（任意）であるとすれば

$$\overline{v_x^2} = \overline{v_y^2} = \overline{v_z^2} \tag{2.21}$$

であり

2. 気体と熱の仕事

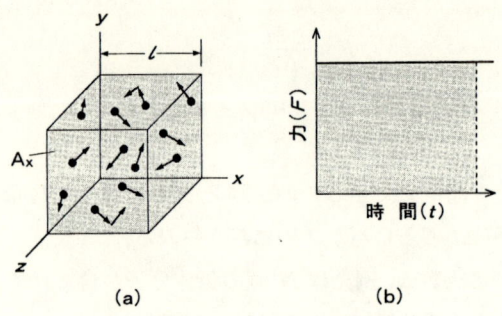

図 2.8 無数の気体分子の容器内の移動

$$\overline{v^2} = 3\,\overline{v_x^2} \tag{2.22}$$

となる．これを式 (2.18) に代入すれば

$$F = \frac{m}{l} N \frac{\overline{v^2}}{3} \tag{2.23}$$

となり，このことを図 2.7 にならって図示すれば，図 2.8 のようになるだろう．

また，式 (2.23) から，A_x 面が受ける圧力 P は

$$\begin{aligned} P = \frac{F}{l^2} &= \frac{1}{3} \cdot \frac{Nm\overline{v^2}}{l^3} \\ &= \frac{1}{3} \cdot \frac{Nm\overline{v^2}}{V} \end{aligned} \tag{2.24}$$

となる．ただし，$V(=l^3)$ は容器の体積である．なお，式 (2.24) は A_x 面のみならず，容器のすべての内壁にも適用できることは明らかであろう．これが，分子運動論的に考えた気体の圧力というものである．

さて，ここで，理想気体の状態方程式

$$PV = nRT \tag{2.10}$$

を思い出していただきたい．この n は"モル数"だから，分子数 N 個の気体は N/N_A モルに相当するので，式 (2.10) は

$$PV = \frac{N}{N_A} RT \tag{2.25}$$

となる．ここで，改めて R/N_A を定数 k_B とすると，式 (2.25) は

$$PV = Nk_B T \tag{2.26}$$

となる．この k_B は**ボルツマン定数**と呼ばれるもので

$$k_B = \frac{R}{N_A} = \frac{8.31[\text{JK}^{-1}\text{mol}^{-1}]}{6.02 \times 10^{23}[\text{mol}^{-1}]} \tag{2.27}$$
$$= 1.38 \times 10^{-23}[\text{J}\cdot\text{K}^{-1}]$$

である．この k_B は"分子1個当たりの気体定数"ということができよう．

次に，気体分子の運動エネルギー E_K について考える．

式 (2.24) を変形すると

$$PV = \frac{2}{3}N\left(\frac{1}{2}m\overline{v^2}\right) \tag{2.28}$$

が得られる．この $\frac{1}{2}m\overline{v^2}$ を見れば，すぐに何かを思い出すだろう（思い出さない読者は式 (1.17) を見て欲しい）。これは，いま考えている全気体分子の平均運動エネルギー $\overline{E_K}$ にほかならない．そして，式 (2.26) と式 (2.28) から

$$\frac{2}{3}\left(\frac{1}{2}m\overline{v^2}\right) = k_B T$$

$$\frac{1}{2}m\overline{v^2} = \frac{3}{2}k_B T \tag{2.29}$$

が得られる．これを容器内の気体全体に当てはめれば

$$E_K = \frac{3}{2}RT \tag{2.30}$$

となる．これらの式は，「気体の運動エネルギーは熱力学的温度 T に比例する」という重要なことを教えてくれる．このことを換言すれば「温度は気体分子の運動エネルギー，具体的には運動する速度の大きさ（速さ）に比例する」ということであり，これは気体のみならずすべての物質に対してもいえることなのである．つまり，物質の温度とは，「その物質を構成する粒子の運動（振動）の激しさ」の程度を表わす物理量なのである．

実際に温度と気体分子の運動の激しさ（速さ）との間にはどのような関係があるのか．

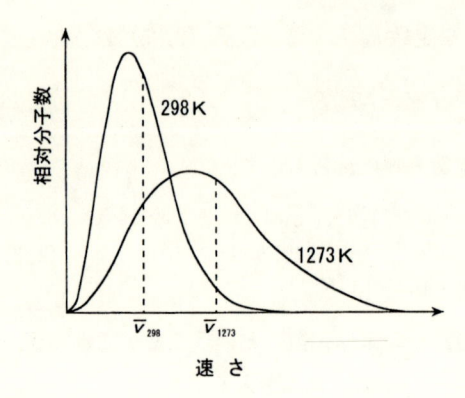

図 2.9　気体分子の速さ分布

前述のように，個々の気体分子はランダムな運動，つまり速度が異なる不規則な運動をしている．

気体分子の平均速度 $\overline{v}$ は，式（2.29）より

$$\overline{v}=\sqrt{\overline{(v_x)^2}}=\sqrt{\frac{3k_\mathrm{B}T}{m}} \tag{2.31}$$

で与えられる．この式から明らかなように，$\overline{v}$ は温度 T に比例し，気体分子の質量 m に反比例する．ある物質の気体分子の，例えば298 K（25℃）と1273 K（1000℃）の速さ分布を模式的に描いたのが図2.9である．一般に，分布曲線は非対称であり，相対数においてピークを占める分子の速さは $\overline{v}$ に一致しない．このような分布曲線を**マクスウエル分布**あるいは**マクスウエル-ボルツマン分布**と呼ぶ．

気体に限らず，物質を構成する粒子に運動（振動）を起こさせる"源"が熱エネルギーを含むエネルギーであり（1.2.2参照），その運動によって生まれるのが熱（エネルギー）である．そして，その熱エネルギーがまた粒子の運動を加速し，…ということになる．ここで「**永久機関**」のアイデアが浮かぶのであるが，これについてはいずれまた，ということにしておく．

2.2　熱と仕事

2.2.1　産業革命と蒸気機関

18世紀後半にイギリスで端を発した「産業革命」は，数々の革命的技術の発

明によって引き起こされたのであるが，その影響は単に技術，産業分野にとどまらなかった．それは，技術革命がもたらした社会革命でもあり，その直接的影響は工業，農業，交通，商業，金融など広範囲に及ぶ．周知のように，この「産業革命」の直接的なきっかけになったのは"ワットの蒸気機関"ということになっている．

イギリスのワット（1736—1819）は，子供の頃，やかんの水が沸騰すると，ふたがパクパクと上下に動くのを見て驚き，これが後の蒸気機関の発明につながった，と私は昔「偉人伝」で読んだことがある．木から落ちるリンゴや，沸騰した水の蒸気によってパクパク動くやかんのふたを見たことがある人は無数にいるだろうが，そこから「万有引力の法則」を見出したニュートンや蒸気機関を発明したワットはやはり"偉い"のである（後述するように，"ワットの蒸気機関の発明"には少々異論があるが）．

やかんや蒸し釜は昔から使われてきた道具である．蒸気が物を動かしたり，持ち上げたりするのは，縄文時代人も見ていたであろう，と私は思う．しかし，密封された蒸気が思いもよらない強い力を生み出し，それが大きな仕事をすることを発見し，その働きを利用して機械を動かすことに成功するまでには長い年月を要した．

はじめて蒸気機関の実用化に成功したのは，イギリス・ダートマスの技術者ニューコメン（1663—1729）で，それは1712年のことである．ニューコメンの蒸気機関は"真空"を利用したポンプで，鉱山の揚水機として炭鉱地帯で広く利用された．その概要を図2.10に示す．まず，(a)に示すように，ボイラーの水の加熱によって生じた水蒸気によりピストンを押し上げ，バケツを下げる．次に，(b)に示すように，シリンダー内に冷水を注入し，水蒸気を冷却して凝縮させるとシリンダー内部は真空に近い状態になる．その結果，(c)に示すように，大気圧によってピストンが押し下げられ，湧水を満たしたバケツが上がることになる．私は，こういう仕組を最初に考える人は本当に偉いなあ，と感心する．このニューコメンの蒸気機関は画期的なもので，湧水に悩まされていた鉱業に多大の貢献をした．

しかし，この蒸気機関は余分な熱量を必要とし，大量の燃料（石炭）を消費するなどの欠点を持っていた．そのため用途には限界があった．この限界を克

図 2.10 ニューコメンの揚水機

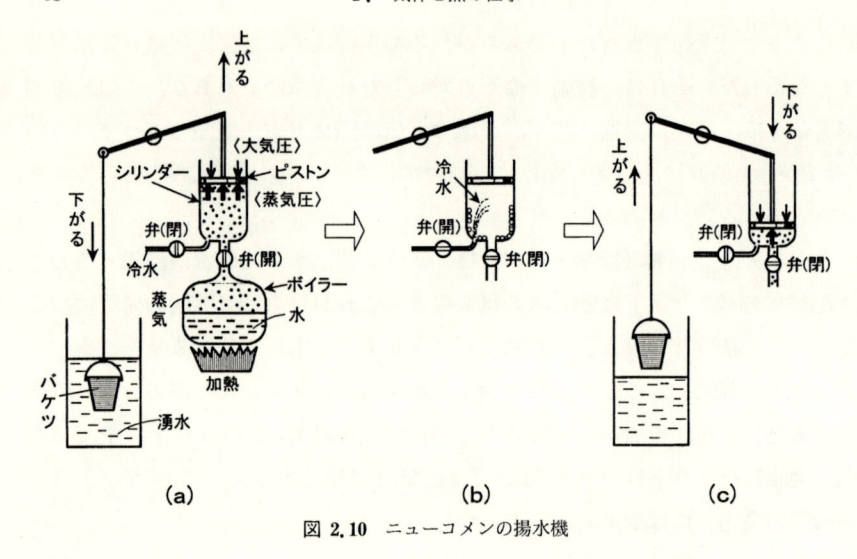

服するのに大きな力を発揮したのが"熱力学"という科学であった．ワットがニューコメンの蒸気機関を改良して，原動機としての蒸気機関を1765年に完成させたのである．改良の主なる点は，まず，シリンダーに冷水を注入して蒸気を凝縮させる（図2.10(b)）かわりに，別に凝縮器（コンデンサー）を設け，ここに蒸気を引き入れて冷やしたことである．これによってニューコメンの蒸気機関のシリンダーの内壁をも冷やしてしまう無駄を小さくすることができた．改良の第二点は，ピストンの上側にも蒸気を送って，その蒸気の圧力でピストンを押し下げるようにしたことである．この結果，大気圧で押し下げるニューコメンの蒸気機関（図2.10(c)）に比べ，ピストンのする仕事ははるかに大きなものになった．

このように，ワットの蒸気機関は，蒸気の圧力でピストンを押し下げるもので，その意味では，これを世界最初の"蒸気機関"と呼ぶことは必ずしも誤りではないだろう．しかし，ニューコメンの先駆的な仕事の功績を決して忘れるべきではない．

上述の史実が示すように，"熱の力学"は，まさに蒸気機関の研究から生まれたものであり，それが産業革命を引き起こす直接の発端となったのである．

ついでに，蒸気機関といえば，最もなじみ深い（少なくとも私にとって）蒸

2.2 熱と仕事

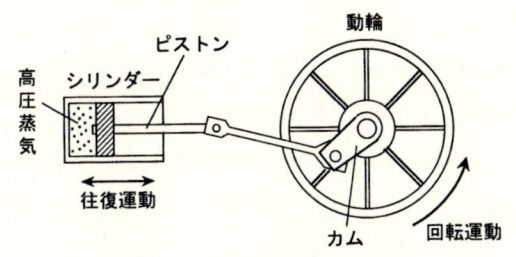

図 2.11 蒸気機関車の動力原理

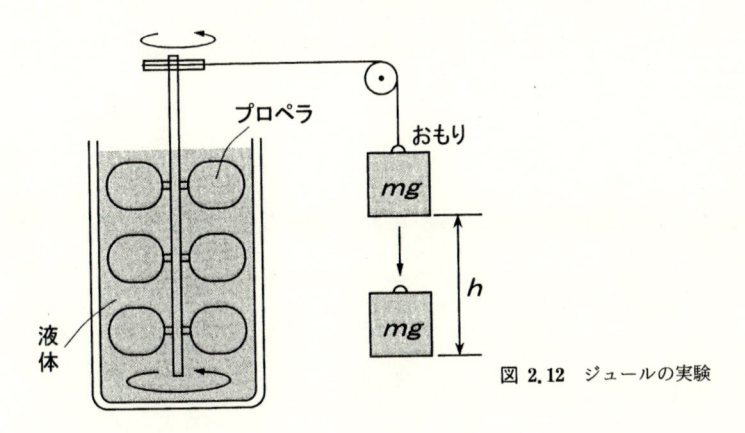

図 2.12 ジュールの実験

気機関車 (SL)(本章扉の写真参照)の動力原理について，図 2.11 の概略図を用いて簡単に触れておきたい．シリンダー内に導入された高圧蒸気によって起こるピストンの往復運動をカムの働きによって動輪の回転運動に変換するのである．なお，図にはシリンダーの蒸気の吸入口，排気口などが描かれていないが，弁の働きにより吸入→作用→排気→吸入…が実に巧みに繰り返される（つまり動輪が回転し続ける）仕組みになっている．

2.2.2 ジュールの実験

熱が"熱素（カロリック）"のような物質ではなく，エネルギーの一形態であることは，本章の冒頭で述べた．

エネルギーとしての熱の量，つまり"熱量"は「純水 1 g を 1 気圧下で 1 ℃ 昇温させる熱量が 1 カロリー (cal)」(1.1.4 参照) と定義された．また，1.2.2 で述べたように，熱はエネルギーの一種だから式 (1.15) で定義される仕事をす

る．"熱の仕事"をはじめて定量的に調べたのはイギリスのジュール(1818—89)で，それは1843年のことである．

ジュールは，図2.12のような装置を用いて，質量 m のおもりの落下に伴なって回転するプロペラのなす仕事が容器内の液体にどれだけの熱を発生させるか定量的に調べたのである．このような実験を水や鯨油や水銀など様々な液体を用いて繰り返し行なった結果，外から与えた仕事の量 W（図に示すように，おもりを h だけ落下させたとすれば，式 (1.15) より，$W=mgh$ である）と容器の中の液体に生じた熱量 Q との間には，容器内の液体の種類（物質）に関係なく，比例定数を J とした比例関係

$$W[\mathrm{m^2kg/s^2}]=J\cdot Q[\mathrm{cal}] \tag{2.32}$$

が成り立つことが確められた．なお，この比例定数 J の単位は，式 (2.32) から

$$J=\frac{W}{Q}=\frac{[\mathrm{m^2kg/s^2}]}{[\mathrm{cal}]}=[\mathrm{J/cal}] \tag{2.33}$$

となる．J はいわば [J] と [cal] の換算率であり，

$$J=4.18605[\mathrm{J/cal}] \tag{2.34}$$

と定められている．これを**熱の仕事当量**と呼ぶことにする．

熱量の単位としては，1.1.4で述べたように [cal] を用いた．しかし，式 (2.33) に示されるように，仕事 W と熱量 Q との間に一定の比例関係が成り立つことが明らかになったのである．そして，物質に関係なく，普遍的に，4.18605[J] の仕事が1[cal] の熱量に相当することが確かめられたわけである．そこで，これからは，熱量も（そして，すべてのエネルギーも）仕事も同じ [J] の単位で扱うことにしよう（表1.5参照）．

蒸気機関やガソリン・エンジンなど燃料をシリンダー内で爆発させて得た熱エネルギーを力学的仕事に変える**内燃機関**などを総称して**熱機関**（3.3.2で詳述する）というが，これは究極的には，燃料を燃やして化学エネルギーを解放し，作業（作用）物質を加熱して運動エネルギーを得るものである．つまり，その"系"が外部の供熱源から Q_1 の熱を得て，W の仕事をし，排熱源へ Q_2 の

熱を廃棄するのであり，それを簡単な式で表わせば

$$Q_1 - Q_2 = W \tag{2.35}$$

となる．上述のように，Q_1，Q_2，W の単位はすべて共通の［ジュール（J）］ということである．

2.2.3 熱機関の効率

供給された熱量 Q_1 のどれだけが有効な仕事 W に利用されたか，を示すのが熱機関の**効率**である．この効率を η で表わせば，式（2.35）より

$$\eta = \frac{W}{Q_1} = \frac{Q_1 - Q_2}{Q_1}$$
$$= 1 - \frac{Q_2}{Q_1} \tag{2.36}$$

となる．つまり，熱機関の効率を高めるためには，Q_2（排熱）をなるべく小さくすることである．究極的には，$Q_2 = 0$ にすれば効率は 100％（$\eta = 1$）になる．また，式（2.36）を眺めれば，Q_1 をなるべく大きくする（具体的には熱源の温度をなるべく高くする）ことによっても効率を向上できることがわかるであろう．実際，熱量 Q は温度によって一義的に決まる量だから，高熱源の温度を T_1，低熱源の温度を T_2 とすれば，式（2.36）は

$$\eta = \frac{T_1 - T_2}{T_1} = 1 - \frac{T_2}{T_1} \tag{2.37}$$

と書き改めることもできるのである．事実，科学者や技術者は，式（2.37）に示される"熱効率の理論"に基づいて熱機関の効率を次第に向上させてきたのである．

■ チョット休憩● 2

ニューコメンとワット

ギリシア神話が述べるところの，人類がプロメテウスから火を授かって以来，

われわれの社会活動の基盤であるエネルギーのほとんどは"熱"に頼っている．現在の日常生活の中で主要な位置を占めている電気エネルギーのほとんども火力あるいは原子力による熱でタービンを回して得ているのである．また，「先進国」においては最も身近な交通手段になっている自動車も，石油を燃焼させて得た熱を動力に変換して走っている．実は，われわれ自身を含む動物の活力源も，もとはといえば"熱"である．

現存する記録によれば，人類最初の熱機関〈蒸気タービン〉を作ったのは，古代ギリシア・アレクサンドリアの技術者，物理学者，数学者のヘロン（Heron, 前200頃―前150頃）だといわれている．彼は，蒸気を使って球を回転させる装置を作った．これは，まさに蒸気タービンの原型であるが，この装置では動力といえるほどのエネルギーを生み出すことはできなかった．

実用規模のエネルギーを生み出す熱機関の登場はヘロンが"原型"を作ってからおよそ1800年後のことで，それは本章で述べたニューコメン（Thomas Newcomen, 1663―1729）の蒸気機関である．ニューコメンの蒸気機関は揚水器に応用され（図1.33参照），当時，湧水に悩まされていたイギリス・ニューカッスルの鉱工業を救ったのである．

このニューコメンの蒸気機関を科学，具体的には熱力学の導入によって，飛躍的に改良したのがワット（James Watt, 1736―1819）だった．この改良までに50年以上の年月を要している．本章でも触れたことであるが，ワットの蒸気機関が「産業革命」ひいては今日の物質・技術文明の発展に果した役割は甚大である．

このワットの"改良物語"を知る時，私は「科学と技術の相互作用」というものを痛感する．それまで古代ギリシア以来の伝統であった形而上学的な科学が"役に立つもの"であることをはっきりと示したのも，ワットの"改良"であった．この「産業革命」以降，"科学"は有用な技術を生む，人間の役に立つものだという認識が高まり，科学を謳歌する時代に入っていくのである．そのような"科学"と"技術"を無批判に謳歌ばかりしているわけにはいかないことを示したのが20世紀であった．

その結果的な"善悪"は別にして，いずれにせよ，ニューコメンとワットは近代・現代の「科学・技術時代」の幕をきって落とした人物として，人類史に記され続けるであろう．

■演習問題

2.1 理論的に-273.15℃以下の温度は存在しない．その理由を説明せよ．

2.2 内容積V_1の容器AとV_2の容器Bがある．これらが内容積を無視できるパイプで連

結され，このパイプにはコックがつけられている．いま，コックを閉じた状態で，容器Aの中に温度 $T_1[\text{K}]$，容器Bの中に温度 $T_2[\text{K}]$ の気体を密封する．容器内の圧力はともに $P_0[\text{Pa}]$ である．

(1) 容器A，B内の気体のモル数を求めよ．
(2) コックを開いたところ，全体の温度が $T[\text{K}]$ になった．この時の容器内の気体の圧力を求めよ．

2.3 図2.12に示したような装置を使って実験する．容器内に水を1000g入れ，質量5kgのおもりを2m降下させる操作を10回繰り返した時，水の上昇温度（$\Delta T[\text{°C}]$）を求めよ．ただし，容器内（水中）のプロペラ，軸は総質量500gの銅でできているとする．

2.4 ニューコメンの蒸気機関と比べ，ワットの蒸気機関の改良点について説明せよ．

2.5 熱の仕事当量 J の意味について説明せよ．

2.6 熱機関の効率を定義し，その効率を高めるための方策を述べよ．

2.7 ジュールの実験の概要を述べ，その意義について説明せよ．

3 熱力学の法則

　さて,これから熱力学の本論に入る.

　熱力学は力学,電磁気学とともに古典物理学の3本柱のうちの1本である.しかし,自然現象の記述の方法,考察の仕方において,熱力学は他の2本柱とは,かなり異質である.例えば,力学や電磁気学においては時間的,局所的な考察や数学的な解析が重要であるが,熱力学では,主として,自然界に現実に存在する物質の状態や過程を議論するのである.つまり,「まえがき」でも述べたことであるが,熱力学には

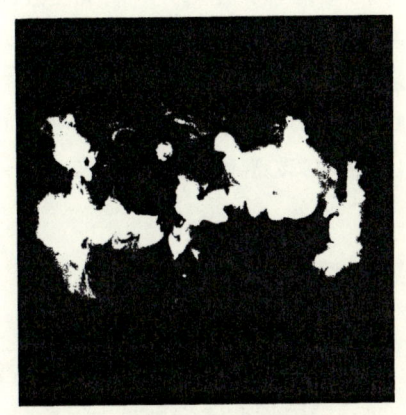

エネルギーを宇宙空間へ発散する太陽
（宇宙科学研究所提供）

「力学」がついているのであるが,それはニュートン力学のような物体（あるいは質点）の力学とはかなり異なっている.確かに,熱力学はわかりにくいのであるが,その一因は,この「力学」に惑わされるからなのだろうか.そういう意味では,「力学」を外して"熱学"と考えた方がよいのかも知れない（以下,慣例に従って熱力学と記述するが）.

　ともあれ,熱力学は熱に関わる様々な物理現象を扱う学問であり,それらの現象は第0法則から第3法則までの4法則によって説明される.それらは経験則であるから,自分自身の経験を思い浮かべてみることは,理解を大いに助けるであろう.本章では,これらの4法則を極力具体的な"形"を通して学びたいと思う.そして,次章で述べる固体（特に結晶）中における諸現象を熱力学的観点から理解するための基礎を固めたい.

3.1 第0法則

3.1.1 平　衡

　コップの中の水にインクを落とすと，インクの色が徐々にコップの中の水全体に拡がっていき，ついにはコップの中の水は淡いインクの色になって"落ち着く"．これは，**拡散**と呼ばれる極めて基本的な自然現象である．この場合，溶質のインク粒子が溶媒の水の中に拡散したのである．また，拡散現象は自然界のみならず，"社会現象"としてもしばしば見られるものである．例えば，図3.1に示すように，満員電車に空の車両が増結されたような場合，立っていた乗客は座席を求めて空の車両に向って移動（拡散）していく．そして，ある時間後には，各車両の混雑度はほぼ一様になって"落ち着く"であろう．

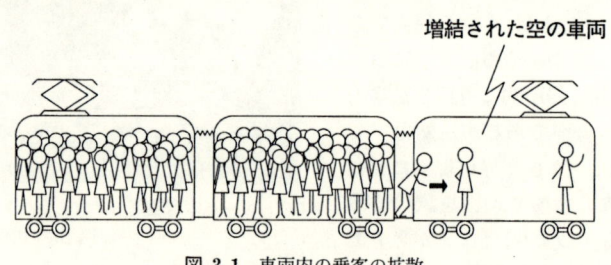

図 3.1　車両内の乗客の拡散

　一般に，何でも「濃いもの」と「薄いもの」とが接触すると，その"もの"が濃い側から薄い側の方へ移動し，一定時間後には「濃度」が一定になる（"落ち着く"）現象が拡散である．この"もの"は何でもよい．「朱に交われば赤くなる」という諺も一種の拡散現象を述べたもので，人は交わる友によって善悪いずれにも感化される，という意味である．この場合は，善あるいは悪が拡散することになる．このような一般的な拡散現象を模式的に描いたのが図3.2である．図中の球は"拡散するもの"である．

　一般に，図3.2(b)に示すように「もの」の移動が終了した，あるいは起こらない"落ち着いた"状態を**平衡**あるいは**平衡状態**という．

　もともと"平衡"の「衡」は「はかり」の意味で，平衡というのは図3.3に示すように，天秤の両皿にのせた物体とおもりの重さ（質量）が等しく（$m=$

3.1 第0法則

図3.2 一般的な拡散現象

(a)「濃いもの」「薄いもの」

一定時間後

(b)

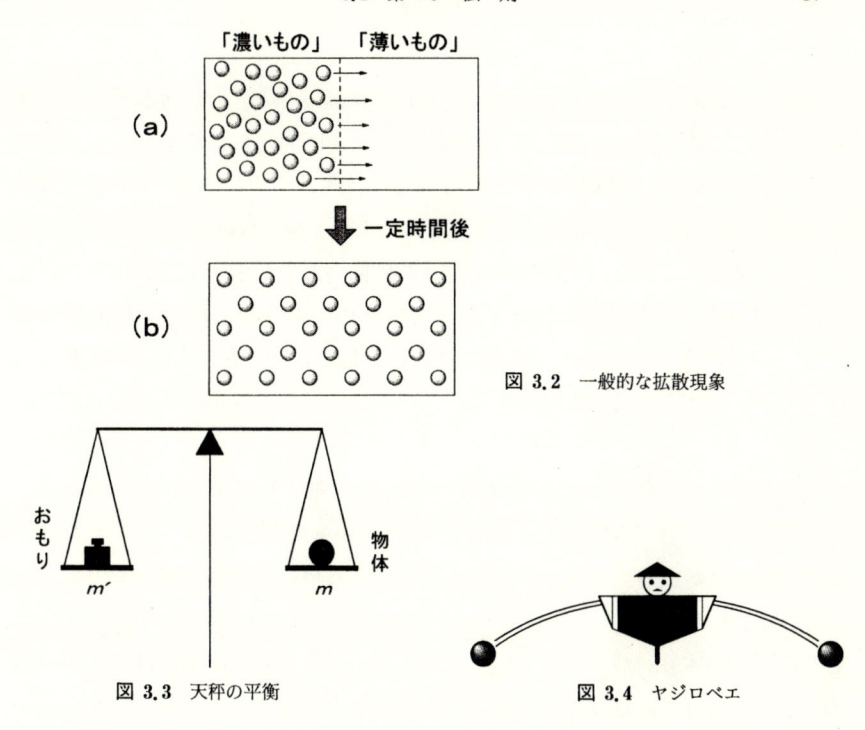

図3.3 天秤の平衡

おもり m'　物体 m

図3.4 ヤジロベエ

m')，棹（さお）が水平になった状態のことである．物理的な平衡を簡単に定義すれば，「いくつかの物質から成る系の間で，物質・電荷・エネルギーなどの授受が起こらない状態」となる．例えば，ある物体にいくつかの力が同時に作用した結果，その物体が静止状態を使っているとすれば，その物体は力学的平衡状態にある．一般に，すべての系は平衡状態になろうとするのが自然界の原理である．

図3.4に示すようなヤジロベエ（弥次郎兵衛）という玩具を御存知だろうか．関西地方では「釣合人形」というらしい．短い立棒（一本足）に湾曲した細長い横棒をつけ，その先端におもりを取りつけたものである．指先や張った糸の上などに一本足を乗せると両端のおもりが釣り合いをとって，つまり力学的平衡状態になって倒れないのである．サーカスなどで曲芸師が長い棹を横に持って綱渡りをするのは，このヤジロベエにならったものである．例えば，身体が右に傾けば，左側のおもり（棹）が平衡状態を戻そうと，身体を左に傾けようと作用し，曲芸師が綱から落ちるのを防いでくれる仕組みである．

3.1.2 熱平衡

いま述べたように，何でも「濃いもの」と「薄いもの」とが接触すれば，その"もの"は濃い側から薄い側へと移動し，一定時間後には「濃度」が一定になる．その"もの"が熱の場合には（1.1.1で述べたように，熱は"物質"ではないが），「濃いもの」が「熱いもの」，「薄いもの」が「冷いもの」，そして「濃度」が「温度」になる．その様子を模式的に描いたのが図1.1，1.8であった．

これから熱力学の法則について述べていくのであるが，熱力学の世界では"系"という概念をよく使う．本書では既に1.2.2で，この言葉を"物体あるいは系"というように使ったのであるが，ここで改めてきちんと説明しておきたい．

一言でいえば，**系**とは「"ある境界"でほかから独立した空間」のことである．"空間"といっても"空っぽ"という意味ではない．真空という"系"もあり得るが，熱力学が扱う"系"は，固体，液体，あるいは気体から成っている．また，"境界"といっても，それは実在する境界でも実在しない境界でも構わない．もちろん，物体も一つの"系"なのであるが，気体や液体の場合は"1個の物体"とはいい難く，物体として扱うのも不自然な場合があるので，これらを含めて"系"として扱う方が何かと便利なのである．一つの約束事として，ある過程において対象とする系の体積や状態は変化することがあっても質量は変わらないものとする．

さて，図1.8(a)，(b) に示すように，熱の授受（移動）が可能な状態で接触した系A，Bが一定時間後に，(c) に示すように，熱の授受（移動）が起こらなくなった場合に，これらの系A，Bは**熱平衡**あるいは**熱平衡状態**にあるという．系A，Bに外部からの攪乱が働かない（エネルギーが作用しない）限り，熱平衡の状態はいつまでも変わらないのである．図1.8，3.2を眺め，熱平衡のことをよく理解して欲しい．熱平衡は，自分自身の直接的な経験を思い浮かべれば決して理解しにくい現象ではないだろう．

いま述べたのは2つの系が接触した場合のことである．次に，図3.5に示すように，3つの系が接触した場合について考える．

系Aと系Bとが熱平衡にあり，系Bと系Cとが熱平衡にあるとすれば，系Aと系Cも熱平衡にある．ここで，系Aと系Bとが熱平衡にあることを，A≈Bと

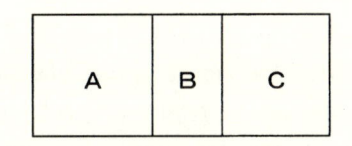

図 3.5 n 個の物体（系）の接触（$n \geq 3$）

いう記号で表わすとすれば，上記のことは

$$A \approx B, \quad B \approx C \quad \text{ならば} \quad A \approx C \tag{3.1}$$

と表わすことができる．これは，論理学における「三段論法」で，一般に

$$A = B, \quad B = C \quad \text{ならば} \quad A = C \tag{3.2}$$

ということと同じである．

　式(3.1)で表わされることは，系の数が増えても同じであり，それぞれの系が接触する系と熱平衡にあれば

$$A \approx B \approx C \approx D \approx \cdots\cdots \tag{3.3}$$

が成り立つ．このことは，図3.5において，系Bを取り除いて系AとC系とを接触させても，系Aと系Cとの間の熱平衡が保たれることを意味している．

　式(3.1)で表わされる経験的事実を熱力学の**第0法則**と呼ぶのである．

　また，互いに熱平衡にある系A, B, C, …の温度をそれぞれ $T_A, T_B, T_C, \cdots$ とすれば，第0法則は

$$T_A = T_B = T_C = \cdots\cdots \tag{3.4}$$

であることを意味する．実は，この"事実"が1.1.2で述べた温度計の"有効性"つまり，温度計（系A）で被測定物（系B）の温度が測定できる"証"なのである．われわれは長年，知らず知らずのうちに熱力学の第0法則の"御厄介"になっていたわけだ．

　そして，図1.1や図1.8に示されるように，互いに熱平衡になっていない系が接触すれば，熱は高温の系から低温の系へ，一定方向に移動する．つまり，高温の系は熱を失い，低温の系は熱を得るのであるが，実は，2つの系が接触

した時，熱を失う系の温度を"高温"，熱を得る系の温度を"低温"と定義するのである．また，2つの系が接触した時，それらの間に熱の授受がない時，それらの2つの系の温度は等しい，と定義するのである．したがって

$$T_A > T_B, \quad T_B > T_C \text{ ならば } T_A > T_C \qquad (3.5)$$

であることは，経験的にも明らかであろう．

　熱力学の法則，などというと，いかにも難しげであるが，その中味は，われわれが日常的に経験している事実なのである．経験的事実は百論よりも強し．熱力学を恐れることはない．

3.2　第1法則

3.2.1　内部エネルギーの変化

■内部エネルギー

　いま，図3.6に示すように，状態Ⅰにある系が外部から仕事 W，熱量 Q を与えられ，状態Ⅱに変化したとすれば，この系に与えられたエネルギー E は

$$E = Q + W \qquad (3.6)$$

である．

　この系が状態Ⅰの時に有していた全エネルギーを U_I，状態Ⅱの時の全エネ

図3.6　内部エネルギーの変化

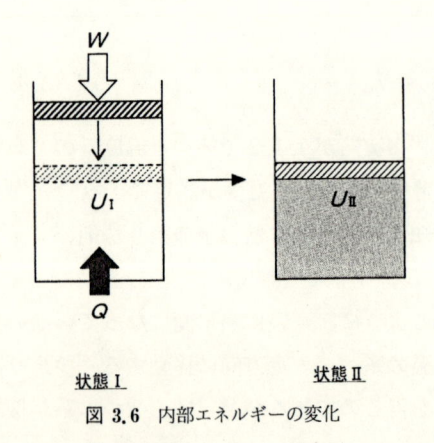

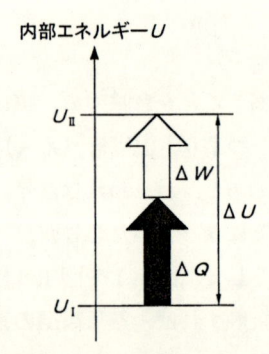

図3.7　内部エネルギーの増加

ルギーを U_{II} とすれば，

$$E = U_{II} - U_I = Q + W \tag{3.7}$$

となる．

　この場合の"全エネルギー" U_I, U_{II} とは，系を構成する分子，原子の運動エネルギー，相互作用のエネルギー，あるいは系内の輻射エネルギーなどが含まれるもので，これを**内部エネルギー**と呼ぶ．厳密にいえば，内部エネルギーには，1.2.2 で述べた特殊相対性理論による質量エネルギーも含まれるべきであるが，熱力学においては，その全内部エネルギーが問題にされることはなく，2つの熱平衡状態の間の内部エネルギーの差 (ΔU) が考察の対象となるので質量エネルギーを無視しても問題ない．ここで改めて $U_{II} - U_I = \Delta U$, 熱量 Q と仕事 W の増加分をそれぞれ ΔQ, ΔW と置けば，式 (3.7) は

$$\Delta U = \Delta Q + \Delta W \tag{3.8}$$

となる．これが内部エネルギーの増加量であり，式(3.8)を図示したのが図 3.7 である．

　ここで，

$$W = FL \tag{1.14}$$

を思い出していただきたい．この式を

$$W = \frac{F}{L^2} \times L \times L^2 \tag{3.9}$$

と変形し，1.2.1 で述べた〈圧力〉=〈力〉/〈面積〉，つまり $P = F/L^2$, $L \times L^2 = L^3 = V$ を式 (3.9) に代入すると

$$W = PV \tag{3.10}$$

が得られる．つまり，PV（〈圧力〉×〈体積〉）も仕事ができるエネルギーを意味するのである．

　図 3.6 に示す系の状態変化が定圧 (P) 下で起こり（一般に，われわれの身近な状態変化は大気圧下，つまり定圧下で起こっている），体積の変化（減少）分を $-\Delta V$ とすれば，

$$\Delta W = -P\Delta V \qquad (3.11)$$

となり，式 (3.8) は

$$\Delta U = \Delta Q - P\Delta V \qquad (3.12)$$

となる．

　実は，式 (3.8) が**熱力学の第1法則**そのものなのである．つまり，熱力学の第1法則は，1.2.2 で述べたエネルギー保存の法則にすぎないのであるが，熱量というエネルギーの移動形態を表わしている点で，熱力学の法則なのである．熱力学の第1法則をまとめておこう．

熱力学の第1法則：ある系が状態Ⅰから状態Ⅱに変化した時，この系に外部から与えられた熱量を ΔQ，仕事を ΔW とすると，この系の内部エネルギーの増加分 ΔU は $\Delta Q + \Delta W$ に等しい．

これを大胆なまでに簡潔にいえば

熱力学の第1法則：宇宙の総エネルギーは一定である．

となる．

■**永久機関**

　特別のエネルギーの供給を必要としないで，永久に仕事をし続けることができるという動力機関を**永久機関**と呼び，**第1種の永久機関**と**第2種の永久機関**の2種がある．

　第1種の永久機関は，外部からエネルギー ΔQ の供給を受けることなく，周期的に動いて外部に仕事をし続ける機関のことである．しかし，熱力学の第1法則が明らかにするように，外部からエネルギーの供給を受けなければ，内部エネルギーも増大せず，外部への仕事をなすことはできないのである．つまり，式 (3.8) において，$\Delta Q = 0$ ならば，$\Delta U = 0$ であり，$\Delta W = 0$ となる．したがって，第1種の永久機関は不可能である．

　しかし，熱力学の第1法則が確立される以前は，この第1種の永久機関を作

る試みが数多くなされ，悪徳技術者に大金をだまし取られたスポンサーも少なくなかったようである．興味深いことに，現在でも，特許庁に永久機関の発明登録を持ち込む人が年に2～3人はいるらしい．もちろん，本当に永久機関が発明されれば，それは間違いなく"世紀の大発明"なのであるが，その前にはまず，熱力学の第1法則が否定されなければならない．

第2種の永久機関とは，ただ一つの熱源から熱を吸収して，これをそのまま外部への仕事に変え続けるばかりでなく，ほかに何の変化も外部に残さないという機関のことである．これについては，3.3.4で触れることにする．

■準静的過程

熱力学の第1法則は内部エネルギーの変化に関する法則で，それは系が行なう仕事と不可分のものである．

ある物体（系）が膨張する時，その物体（系）は周囲の物体（系）に対して仕事をする．逆に，収縮する時は，周囲から仕事をされる．この過程，つまり状態Iから状態IIへの変化が，"極めてゆっくり"で熱平衡状態（3.1.2参照）が保たれる場合，これを**準静的過程**と呼ぶ．具体的な例を挙げれば，シリンダー内のピストンが滑らかに"極めてゆっくり"動くような場合である．

気体の状態方程式が示すように，現実的には，例えば，有限時間にピストンを動かし気体を圧縮する時，気体の温度は上昇して熱が外部に伝わっていくのであるが，この過程を極限的にゆっくり（$dP/dt \to 0$）行なえば，温度上昇は極限的に小さく（$dT/dt \to 0$）になる．準静的過程とは，このような過程のことである．

ところで，"極めてゆっくり"というのは極めてあいまいな表現である．要するに，周囲を含む物体（系）の状態を乱さない程度，と考えておいていただきたい．

本書で扱う過程は，特に断わらない限り，準静的過程である．

3.2.2 定積変化と定圧変化

いま述べたような定圧下の変化を**定圧変化**と呼ぶが，これに対し，体積が一定のままで起こる**定積変化**がある．これらを図3.8に模式図に描く．

3. 熱力学の法則

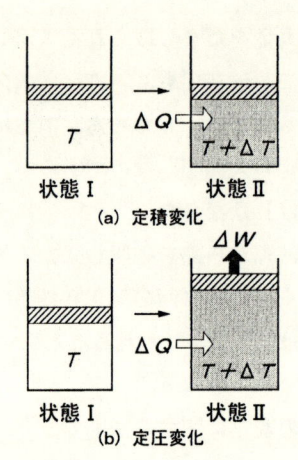

図 3.8 定積変化と定圧変化

■定積変化

図に描かれる系の内部エネルギーを温度 T と体積 V の関数とみなし，$U=U(T, V)$ とすれば，状態Iから状態IIへの変化における T, V の微小変化に対する U の微小変化 dU は

$$dU = \left(\frac{\partial U}{\partial T}\right)_V dT + \left(\frac{\partial U}{\partial V}\right)_T dV \tag{3.13}$$

で表わされる．ここで，$(\partial U/\partial T)_V$ は定積（$V=$一定）下で U を T で微分すること，$(\partial U/\partial V)_T$ は等温（$T=$一定）下で U を V で微分することを意味する．

式 (3.12) から

$$\Delta Q = \Delta U + P\Delta V \tag{3.14}$$

であり，式 (3.13) および式 (3.14) から

$$dQ = \left(\frac{\partial U}{\partial T}\right)_V dT + \left[P + \left(\frac{\partial U}{\partial V}\right)_T\right]dV \tag{3.15}$$

が得られる．この両辺を dT で割ると

$$\frac{dQ}{dT} = \left(\frac{\partial U}{\partial T}\right)_V + \left[P + \left(\frac{\partial U}{\partial V}\right)_T\right]\frac{dV}{dT} \tag{3.16}$$

となる．

式 (3.16) の左辺は，式 (1.2) で示したように，単位温度の上昇に対して吸

収する熱量，つまり**熱容量**を表わす．図3.8(a)に示す定積変化の場合，$dV=0$ と置くと，式 (3.16) は

$$\frac{dQ}{dT} = \left(\frac{\partial U}{\partial T}\right)_V \tag{3.17}$$

となる．1.1.4で述べたように，単位質量の熱容量が比熱であり，特に1モルに対する比熱を**モル比熱**という．**定積モル比熱**を改めて c_V とすれば(15ページ参照)

$$c_V = \left(\frac{\partial U}{\partial T}\right)_V \tag{3.18}$$

となる．c_V は体積と無関係であるから

$$c_V = \frac{dU}{dT} \tag{3.19}$$

である．

■**定圧変化**

さて，図3.8(b)に示す定圧変化の場合は，話は少々やっかいである．定積変化の場合は，系の温度を上げさえすればよいが，定圧変化の場合，系は外部に ΔW の仕事をした上に，温度を上げなければならない．式(3.16)で $dV/dT = (\partial V/\partial T)_P$ とおけば，式 (3.16) は

$$\frac{dQ}{dT} = \left(\frac{\partial U}{\partial T}\right)_V + \left[P + \left(\frac{\partial U}{\partial V}\right)_T\right]\left(\frac{\partial V}{\partial T}\right)_P \tag{3.20}$$

となる．ここで，定積モル比熱と同様に，**定圧モル比熱** c_P を考えれば

$$\begin{aligned}c_P &= c_V + \left[P + \left(\frac{\partial U}{\partial V}\right)_T\right]\left(\frac{\partial V}{\partial T}\right)_P \\ &= c_V + P\left(\frac{\partial V}{\partial T}\right)_P + \left(\frac{\partial U}{\partial V}\right)_T\left(\frac{\partial V}{\partial T}\right)_P \end{aligned} \tag{3.21}$$

となる．ここで，$P(\partial V/\partial T)_P$ は式 (3.11) からわかるように，系の外圧に逆らった膨張による仕事 ΔW を意味する．また，$(\partial U/\partial V)_T(\partial V/\partial T)_P$ は膨張に伴なう気体の内部エネルギーの増加を意味するが，式 (2.30) より理想気体では U は V に依存しないから $(\partial U/\partial V)_T = 0$ である．したがって式 (3.21) は

$$c_P = c_V + P\left(\frac{\partial V}{\partial T}\right)_P \tag{3.22}$$

となる．定圧下では，式(2.10)で $n=1$ とおいた $PV=RT$ より $(\partial V/\partial T)_P = R$ となり

$$c_P = c_V + R \tag{3.23}$$

そして

$$c_P - c_V = R \tag{3.24}$$

が得られる．式 (3.24) を**マイヤーの関係式**と呼ぶ．

また，モル比熱 c_V と c_P の比が

$$\gamma = \frac{c_P}{c_V} \tag{1.3}$$

で与えられた**比熱比**と呼ばれるものであった．

3.2.3 等温変化と断熱変化

熱力学を考える上で，定積変化，定圧変化と並んで重要なのが**等温変化**（過程）と**断熱変化**（過程）である．ここでは，次節で述べる**熱力学の第2法則**を理解する上で大切な等温変化と断熱変化を"仕事"の観点から考えることにす

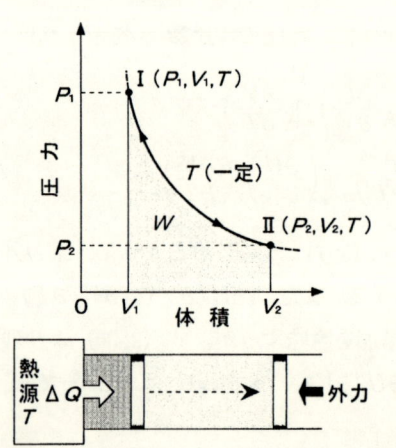

図 3.9 等温変化における仕事

る．断熱変化とは，熱の移動を断った状態で膨張や圧縮をする変化である．

■**等温変化における仕事**

等温変化における"仕事"を図3.9で考えてみよう．

図3.9は**等温膨張**の場合を描いている．気体は外部に対して膨張に伴なう仕事をするので，その分だけ熱 ΔQ を加えなければ温度が下がってしまう．つまり，系を等温に保つためには，熱 ΔQ を供給する熱源が必要である．いま，この熱源の温度を T とし，シリンダー内の理想気体（1モルとする）が，この熱源と理想的に接触（1.1.4参照）し，温度 T に保たれつつ状態 I (P_1, V_1, T) から状態 II (P_2, V_2, T) へ変化したとする．この変化の過程でシリンダー内の気体は式(2.10)に示した状態方程式 $PV=RT$ を満たしている．この時，気体が外力に対して行なう仕事 ΔW は，式 (3.10) より，

$$\Delta W = \int_{V_1}^{V_2} P dV \tag{3.25}$$

で与えられる．式 (3.25) に式 (2.10) から求められる $P=RT/V$ を代入し

$$\Delta W = RT \int_{V_1}^{V_2} \frac{dV}{V} = RT [\log V]_{V_1}^{V_2} = RT \log \frac{V_2}{V_1} \tag{3.26}$$

が求まる．これは，図3.9の P-V 曲線でアミかけをした部分の面積に等しい．

この仕事 ΔW は熱源が気体に加えられた熱量 ΔQ によってもたらされたものであるから

$$\Delta W = \Delta Q = RT \log \frac{V_2}{V_1} \tag{3.27}$$

である．

いま述べたのは，等温膨張の場合 $(V_1 < V_2)$ であるが，等温圧縮の場合 $(V_1 > V_2)$ も同様に扱え，仕事 ΔW の符号が逆になるのは明らかであろう．等温膨張の場合，気体は外部に対して ΔW の仕事をするので，それに相当する ΔQ の熱を加えなければ温度が下がり，系を等温に保つことはできなかった．等温圧縮の場合は，逆に，外部から ΔW の仕事を・されるので，それに相当する ΔQ の熱を外部に放出しなければ，系の温度は上昇してしまうのである．これはまさに，熱力学の第1法則が意味するところの"エネルギー保存の法則"である．

いずれにせよ，等温変化（過程）においては，$+\Delta Q$ あるいは $-\Delta Q$ の"熱源"

が必要なのである．

■断熱変化における仕事

　断熱とは熱の移動がない状態である．図3.9に図示するシリンダーを断熱壁で囲み，気体の体積変化を行なうのが断熱変化（過程）である．

　断熱膨張の場合，気体が膨張し，外部に対して仕事 ΔW をするので，それに相当する内部エネルギー ΔU が減少する．この時，熱 ΔQ の出入りが断たれているので気体の温度は下がる．断熱圧縮の場合は，逆に，気体の温度が上がる．実は，冷蔵庫やエアコンは，このような断熱変化の性質を応用したものなのである．冷蔵庫の動作原理については3.3.2で説明する．

　さて，断熱変化においては，式（3.12）で $\Delta Q=0$ なので

$$\Delta U = -P\Delta V \tag{3.28}$$

である．式（3.19）から

$$dU = c_v dT \tag{3.29}$$

であるから，式（3.28）から

$$c_v dT + P dV = 0 \tag{3.30}$$

が得られ，理想気体の状態方程式 $PV=RT$ から得られる $P=RT/V$ を式（3.30）に代入すると

$$c_v dT + \frac{RT}{V} dV = 0 \tag{3.31}$$

となり，これを T で割り

$$c_v \frac{dT}{T} + R \frac{dV}{V} = 0 \tag{3.32}$$

が得られ，ここに式（3.24）を代入すると

$$c_v \frac{dT}{T} + (c_P - c_v) \frac{dV}{V} = 0 \tag{3.33}$$

が得られる．これを c_v で割ると

$$\frac{dT}{T}+\left(\frac{c_P}{c_V}-1\right)\frac{dV}{V}=0 \tag{3.34}$$

となり,ここに式 (1.3) を代入すると

$$\frac{dT}{T}+(\gamma-1)\frac{dV}{V}=0 \tag{3.35}$$

となる.

式 (3.35) を積分すると

$$\int\frac{dT}{T}+(\gamma-1)\int\frac{dV}{V}=\log T+(\gamma-1)\log V$$
$$=\log T+\log V^{\gamma-1}$$
$$=\log TV^{\gamma-1}=一定 \tag{3.36}$$

となり

$$TV^{\gamma-1}=C(一定) \tag{3.37}$$

が得られる.ただし,C は定数である.

ここで,$PV=RT$ から得られる $T=PV/R$ を式 (3.37) に代入すると

$$\frac{PV\cdot V^{\gamma-1}}{R}=C(一定) \tag{3.38}$$

となり

$$PV^{\gamma}=CR(一定) \tag{3.39}$$

となる.ここで,CR を改めて定数 C とすれば,

$$PV^{\gamma}=C(一定) \tag{3.40}$$

が得られる.これは,断熱変化の経路を表わす関係式で**ポアッソンの方程式**と呼ばれる.

さて,ここで,図 3.9 にならい図 3.10 を使い,系が状態 I (P_1, V_1, T_1) から状態 II (P_2, V_2, T_2) へ断熱膨張する場合,系が外部に対して行なう仕事 ΔW について考えてみよう.以下,計算式がうっとうしいと思われる読者は,いきなり式 (3.47) へ飛んでも構わない.

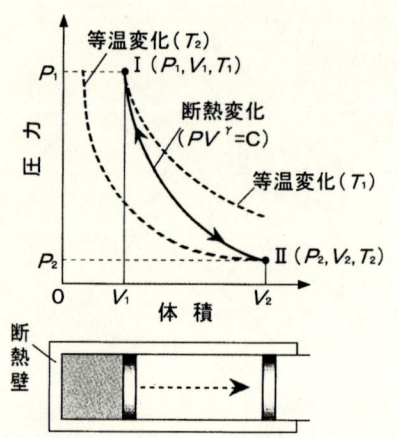

図 3.10 断熱変化における仕事

式 (3.40) より得られる

$$P = \frac{C}{V^\gamma} \qquad (3.41)$$

を式 (3.25) に代入すると

$$\Delta W = \int_{V_1}^{V_2} PdV = C \int_{V_1}^{V_2} \frac{dV}{V^\gamma} = \frac{C}{1-\gamma}[V_2^{1-\gamma} - V_1^{1-\gamma}] \qquad (3.42)$$

となる．これが，図 3.10 の P-V 曲線の下のアミかけの部分の面積に相当することは，図 3.9 に示す等温変化の場合と同様である．

断熱変化においては，式 (3.40) に示されるように PV^γ は一定なので，図 3.10 に示される変化の過程において

$$PV^\gamma = P_1 V_1^\gamma = P_2 V_2^\gamma = C \qquad (3.43)$$

が常に成り立つ．式 (3.42) の中の V^γ を消去するように式 (3.43) を式 (3.42) に代入すると

$$\Delta W = \frac{P_1 V_1 - P_2 V_2}{\gamma - 1} \qquad (3.44)$$

が得られる．

理想気体の状態方程式 $PV = RT$ を式 (3.44) に代入すれば

$$\Delta W = \frac{R}{\gamma - 1}(T_1 - T_2) \qquad (3.45)$$

となる．

ここで $\gamma = c_P/c_V$（式 (1.3)）を式 (3.45) に代入すると

$$\Delta W = \frac{R}{\dfrac{c_P}{c_V} - 1}(T_1 - T_2) = \frac{Rc_V}{c_P - c_V}(T_1 - T_2) \qquad (3.46)$$

が得られる．ここで式 (3.24) に示したマイヤーの関係式を式 (3.46) に代入すると

$$\Delta W = c_V(T_1 - T_2) \qquad (3.47)$$

に到達する．つまり，いま式 (3.41) から面倒な計算を続けてきたのであるが，式 (3.47) が意味することは簡単で，「二つの状態間の断熱変化に伴い，系が外部に対して行なう仕事は〈定積比熱〉×〈温度差〉に等しい」ということなのである．なあーんだ，という感じかも知れない．

3.2.4 エンタルピー

熱力学の第1法則を簡潔に表わすのが式 (3.8)，(3.12) であった．

体積の変化を伴わない定積変化の場合は，$\Delta V = 0$ であるから $\Delta W = 0$ でもある．つまり，式 (3.8) より

$$\Delta U = \Delta Q \qquad (3.48)$$

となり，このことは，外から加えた熱はすべて内部エネルギーの増大に寄与することを意味する．

定圧変化の場合は，$\Delta V \neq 0$ であり，$\Delta W \neq 0$ でもある．つまり，系の中に蓄えられるエネルギー量と系が外部に対して行なう仕事量は定積下か定圧下かで異なることなる．

式 (3.14) を

$$dQ = dU + PdV \qquad (3.49)$$

と書き換えて積分すると

$$Q = U + PV \tag{3.50}$$

を得る．この Q を新たな関数（状態量）として**エンタルピー**あるいは**熱関数**として定義し，これを H で表わすと

$$H = U + PV \tag{3.51}$$

となる．エンタルピーは物質の熱的性質を規定する関数（**熱力学的特性関数**）の一つで，化学や機械工学などの分野では重要な意味を持つ．

式 (3.51) を全微分すると

$$dH = dU + PdV + VdP \tag{3.52}$$

となり，ここに式 (3.49) を代入すると得られる

$$dH = dQ + VdP \tag{3.53}$$

の両辺を dT で割ると

$$\frac{dH}{dT} = \frac{dQ}{dT} + V\frac{dP}{dT} \tag{3.54}$$

となる．

ここで，定圧変化を考えれば，$dP/dT = 0$ なので

$$\frac{dH}{dT} = \frac{dQ}{dT} \tag{3.55}$$

が得られる．つまり，系のエンタルピー変化量と系に与えられた熱エネルギー量（図 3.6，3.7 参照）とが等しいことがわかる．

記憶力がよい読者は，1.1.4 で述べた熱容量のこと（14 ページ）を思い出すかも知れない．式 (3.55) の dQ/dT は，熱容量 C そのものである（式 (1.2) 参照）．ただし，式 (3.55) は定圧変化の場合の式なので，式 (1.5) に順じて書き直すと

$$C_P = \frac{\Delta Q}{\Delta T} = \frac{\Delta H}{\Delta T} \tag{3.56}$$

となる.つまり,定圧熱容量とはエンタルピー変化量のことだったのである.

一般に,固体を扱う実験は一定圧力下で行なわれるのが普通だから,エンタルピー変化量あるいは定圧熱容量が大きな意味を持つことになる.

3.2.5 生成と反応のエンタルピー
■**熱力学的標準状態**

熱力学という学問をわかりにくくしている理由の一つは,「まえがき」でも述べたように,熱力学量の絶対値を求められないことである.いま述べた系のエンタルピーの絶対値を知ることもできない.そこで,われわれは,ある状態と基準の状態との"差"として熱力学量を表わす,という手法を用いるのである.また,事実,われわれに必要なのは,"絶対値"ではなく,正確な"差"の値なのである.正確な"差"を知るには,きちんとした基準,標準が必要である.

例えば,山や土地の"高さ"のことを考えてみよう.

地球表面の形状は複雑だから,厳密に高さの絶対値を議論するのは難しい.あえて,高さの絶対値を定義しようとすれば「地球の中心点からの距離」ということになるかも知れない.しかし,この場合,海の深さを定義できなくなってしまう.いずれにせよ,山の高さや海の深さを定義するのに,地球の中心点を規準にするのは現実的ではないし不便でもある.

そこで,山の高さや海の深さは,平均海面の位置を規準にして示すのである.山の頂上などには「標高××メートル」あるいは「海抜××メートル」というような立札があるが,これは,平均海面から測った高さ,の意味である.ちなみに,日本では東京湾の平均海面を標準としている.

熱力学における規準となるべき状態は「$298.15\,\mathrm{K}$,$10^5\,\mathrm{Pa}(=1\,\mathrm{bar}≈1\,気圧)$」(つまり"常温常圧")と定められ,これを**熱力学的標準状態**と呼ぶ.そして,例えば,エンタルピーの基準は,この熱力学的標準状態下で「最も安定に存在する単体のエンタルピーを0(ゼロ)とする」とされている.

■**総熱量不変の法則**

一種のエネルギー保存の法則である熱力学の第1法則から直ちに導かれるのは,「一連の化学反応あるいは物質生成における反応熱(+,−の符号も考慮)の総和は,その反応のはじめの状態と終わりの状態だけで決まり,その途中の経

路に依存しない」ということである．ここで，図1.17に示した位置エネルギーのことを思い出す読者もいるだろう．

また同様に熱力学の第1法則から，複数の過程から成る変化に伴なうエネルギーの授受は，個々の過程における授受の代数和に等しい，ということも導かれる．

このような反応熱，生成熱に関する法則は，**総熱量不変の法則**と呼ばれる．また，熱力学の第1法則に先んじて1840年にこの法則を発見したヘス(1802—50)にちなんで**ヘスの法則**とも呼ばれる．この法則を用いると，単体あるいは化合物の基本的な反応熱のデータがあれば，様々な反応，物質生成の反応熱を予知できる．

■ **生成エンタルピー**

単体から化合物を生成するのに必要なエンタルピー量を**生成エンタルピー**と呼び，記号 ΔH_f で表わす．下つき添え字の "f" は "formation (生成)" の頭文字である．前述のようにエンタルピーは対象とする系（物質）の温度，圧力，量に依存する状態量であるから，正確な"差"を議論するためには，標高を決める平均海面のような基準，標準が必要である．そこで，熱力学的標準状態 (298.15 K, 10^5Pa) における物質1モルを生成する場合の生成エンタルピーを**標準生成エンタルピー**と定め，記号 ΔH_f° で表わすことにする．上つき添え字の"○"は熱力学的標準状態を意味する．

いくつかの物質の ΔH_f° を表3.1に示す．

先ほど述べたように，$\Delta H_f^\circ = 0$ は，その物質が熱力学的標準状態で安定に存在

表 3.1　標準生成エンタルピーの例

物　質	ΔH_f° [kJ/mol]	物　質	ΔH_f° [kJ/mol]
H_2(気体)	0	C(固体, グラファイト)	0
N_2(気体)	0	C(固体, ダイヤモンド)	1.90
O_2(気体)	0	C(気体)	716.68
CO(気体)	−110.53	C_{60} (フラーレン)	0.95
CO_2(気体)	−393.51	S(固体, 斜方晶系)	0
NO(気体)	90.25	S(固体, 単斜晶系)	0.33
NO_2(気体)	33.18	NaCl(固体)	−411.15
H_2O(液体)	−285.83	SiO_2(固体, α-石英)	−910.94
H_2O(気体)	−241.82	Al_2O_3(固体, α-コランダム)	−1675.7

(関一彦『物理化学』岩波書店, 1997, 国立天文台編『理科年表』丸善, 1999 より)

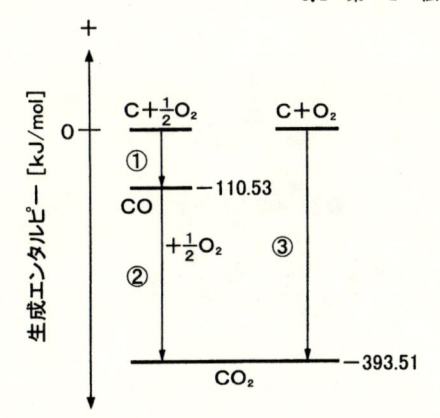

図 3.11 CO_2 の生成エンタルピー

する，つまり，それを生成するためのエネルギーが不要，ということである．また，$\Delta H_f°$ が負の値であれば，その反応は**発熱反応**であり，正の値であれば**吸熱反応**である．

ここで，表 3.1 と図 3.11 を参照し，CO_2 の生成エンタルピーを例に取り，総熱量不変の法則を考えてみよう．

CO_2 生成の反応式およびそれぞれの $\Delta H_f°$ は

① $C + \frac{1}{2}O_2 \longrightarrow CO, \quad \Delta H_f° = -110.53 [kJ/mol]$

② $CO + \frac{1}{2}O_2 \longrightarrow CO_2$

あるいは

③ $C + O_2 \longrightarrow CO_2, \quad \Delta H_f° = -393.51 [kJ/mol]$

である．

反応②のエンタルピーは，表 3.1 から直接得ることができないのであるが，図 3.11 に示すように

$$(-393.51) - (-110.53) = -282.98 [kJ/mol]$$

と求められるのである．つまり

② $CO + \frac{1}{2}O_2 \longrightarrow CO_2, \quad \Delta H_f° = -282.98 [kJ/mol]$

と書くことができる．上記の反応は，反応のためのエネルギーを必要とする吸熱反応と異なり，発熱反応であるから，自然に進む反応である．

(a) グラファイト　　**(b) ダイヤモンド**

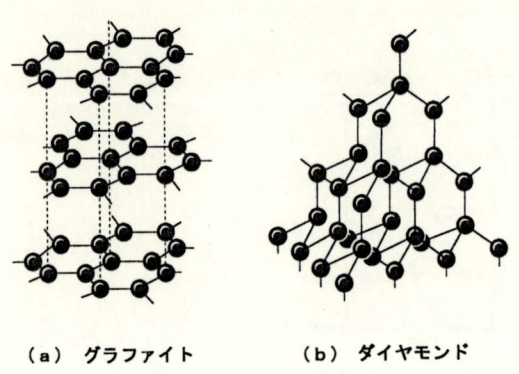

図 3.12　固体炭素の同素体

次に，炭素（C）に関わる生成エンタルピーについて考えてみよう．

固体炭素の**同素体**としては，どこにでもあるグラファイト（石墨）と稀少なダイヤモンドが知られている．その結晶構造を模式的に図 3.12 に示す．"どこにでもある"ということは生成されやすい，ということであり，"稀少"ということは生成されにくい，ということである．

表 3.1 から

$$\text{C（グラファイト）} \longrightarrow \text{C（ダイヤモンド）}, \quad \Delta H_f^\circ = 1.90 [\text{kJ/mol}]$$

であることがわかる．つまり，常温常圧下においては，グラファイトよりもダイヤモンドの方がエネルギー的に不安定なので，原理的には，光り輝く宝石としてのダイヤモンドが，まっ黒なグラファイトに変化（**相転移**という）する運命にある．しかし，そのような相転移が起こるために必要とされるエネルギー（**活性化エネルギー**という）が非常に大きいために，現実的には，ダイヤモンドがグラファイトに変化してしまうようなことはない．ダイヤモンドをお持ちの方は，どうか御安心を．

ところで，エンタルピーは状態量であるから，例えば温度が変われば，その値は変わる．上記のグラファイトとダイヤモンドの安定性の話は，あくまでも熱力学的標準状態の場合のことである．1 気圧下におけるグラファイトとダイヤモンドの生成エンタルピーの温度依存性を図 3.13 に示す．この図によれば，グラファイトとダイヤモンドの"安定性"は 1100 K 付近で逆転する．つまり，1100 K 以上の高温領域においては，グラファイトよりダイヤモンドの方が安定

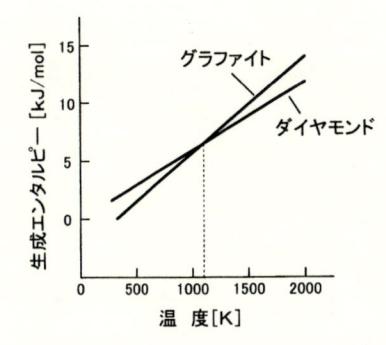

図 3.13 グラファイトとダイヤモンドの生成エンタルピーの温度依存性

表 3.2 結合エネルギー(kJ/mol)

結合	結合エネルギー	結合	結合エネルギー	結合	結合エネルギー	結合	結合エネルギー
H-H	438	Br-Br	194	C-N	293	P-Cl	332
C-C	349	I-I	152	C-O	353	P-Br	275
Si-Si	177	C-H	415	C-S	260	P-I	216
Ge-Ge	158	Si-H	296	C-F	443	As-F	467
Sn-Sn	144	N-H	392	C-Cl	330	As-Cl	289
N-N	161	P-H	321	C-Br	277	As-Br	237
P-P	215	As-H	246	C-I	241	As-I	175
As-As	135	O-H	465	Si-O	370	O-F	186
Sb-Sb	127	S-H	341	Si-S	228	O-Cl	204
Bi-Bi	105	Se-H	278	Si-F	543	S-Cl	251
O-O	139	Te-H	242	Si-Cl	360	S-Br	213
S-S	214	H-F	565	Si-Br	290	Cl-F	255
Se-Se	185	H-Cl	433	Si-I	214	Br-Cl	220
Te-Te	139	H-Br	368	Ge-Cl	410	I-Cl	211
F-F	154	H-I	300	N-F	271	I-Br	179
Cl-Cl	244	C-Si	291	N-Cl	200		

(ポーリング(小泉正夫訳)『化学結合論』共立出版,1962より)

である,ということで,実は,この現象を利用して人工ダイヤモンドが生成されているのである.人工ダイヤモンドの生成に興味がある読者は,拙著『ハイテク・ダイヤモンド』(講談社ブルーバックス)などを参照していただきたい.

また,表3.1によれば,固体の炭素(グラファイト)が気体の炭素に変化するには716.68 kJ/molのエネルギーが必要であることがわかるだろう.気体の炭素は原子状態であるから,716.68 kJ/molは炭素の**原子化エンタルピー**と考えることもできる.

化合物あるいは分子が原子化する,ということは,それらを構成する原子間

の結合が切断される，ということである．原子化エンタルピーから**化学結合エネルギー**，あるいは**結合エンタルピー**を求めることができる．その過程の詳細は省くが，参考のために，いくつかの元素間の一重結合の結合エネルギーを表3.2に示す．

3.3 第2法則

3.3.1 可逆過程と不可逆過程

われわれの人生にはさまざまな出来事や現象があるが，それらの中には，やり直しがきくものときかないもの，元に戻せるものと戻せないものがある．例えば，過去から現在を経て未来に進む「時間」は決して元には戻らないが，勉強する「時間」は，生きている限り，何度でも繰り返すことができる．「失敗は成功のもと」という言葉は「失敗しても，それを反省し欠点を改めていけば成功が得られるものだ」という意味であり，一般に，物事は「やり直しがきく」から諦めてはいけない，と激励してくれているのである．

さて，ここで図3.14を見てみよう．

底が連結した水槽A，Bに入っている水のことを考える．いま(a)に示すように，連結管はコックで閉じられ，水槽A，Bには異なった量の水が入れられている．次に，コックを開けば水槽Aの水が水槽Bに移動し，一定時間後には(b)に示すように，両水槽の水面の高さは等しくなるであろう．ここで，記憶力のよい読者は図1.8を思い出すだろう．図1.8では"熱の移動"を示したの

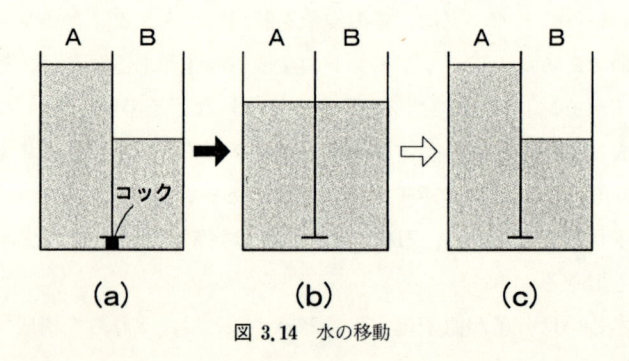

図 3.14 水の移動

3.3 第2法則

であるが，図3.14は"水の移動"を示しており，自然現象としては互いに同じ理屈であり，その究極は図3.2で表わされる．

さて，図3.14(b)の状態を放置しても，決して(c)の状態には移行しない．つまり，(b)の状態が自然に元の状態(a)に戻ることは決して起こらないのである．「覆水盆に返らず」がこれである．

余談だが，「覆水盆に返らず」という言葉は「一度してしまったことは，取り返しがつかない」という意味であるが，この語源となっている故事が面白い．中国が周の時代，日々，釣りや読書に耽っていた大公望（呂尚）に愛想を尽かした妻が離縁を求めて去ってしまった．ところが，後に大公望が文王に登用されると，その妻が復縁を求めてきたのである．この時，大公望は，盃から水をこぼして見せ，その妻に「そのこぼれた水（覆水）を元の盆に戻したら願いを叶えてやろう」といったというのである．さすがに，釣りと読書に耽った生活をしていた大公望だけあって，いうことが洒落ている．もちろん，覆水が盆に返るようなことはないので，妻は復縁を諦めるほかはなかった．

さて，本題に戻る．

図3.14 (a)→(b) に示されるような"元に戻らない"過程を**不可逆過程**と呼ぶ．時刻 t におけるある状態が $f(t)$ という方程式で表わせるとした時，$f(t) \neq$

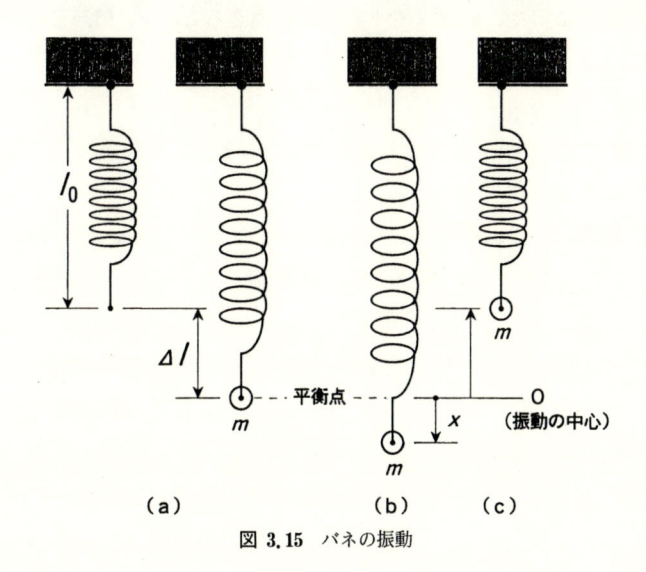

図 3.15　バネの振動

図 3.16 可逆過程と不可逆過程

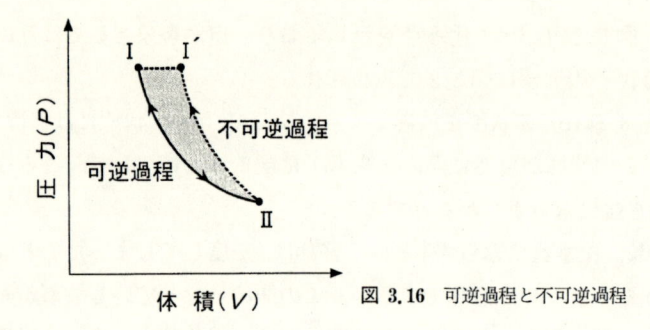

$f(-t)$ であるような過程が不可逆過程であるといえよう．"元に戻る"**可逆過程**の場合は，$f(t)=f(-t)$ となる．

われわれの身の回りで，不可逆過程の例はいくらでも見出せるのに対し，厳密な意味で"元に戻る"可逆過程の例を見つけるのは難しいが，物理学の教科書に登場するような純粋な力学過程は可逆過程である．例えば，図 3.15 に示すような質量 m のおもりが吊るされたバネの振動を表わす運動方程式はバネ定数を k とすれば

$$m\frac{d^2x}{dt^2}=-kx \tag{3.57}$$

で与えられる．ここで，時刻 t を $-t$ に置き換えると，式（3.57）は

$$m\frac{d^2x}{d(-t)^2}=m\frac{d^2x}{dt^2}=-kx \tag{3.58}$$

となり，$f(t)=f(-t)$ であることがわかる．つまり，図 3.15，式（3.57）で示される運動は可逆過程である．

しかし，現実的には，振動中に空気の抵抗などが作用し，運動のエネルギーが徐々に失われるので，不可逆過程の減衰振動となり，やがておもりは平衡点の位置で止まる．

このように，自然現象も社会現象も一般的には不可逆過程である．

本節で述べる**熱力学の第 2 法則**は，熱現象における不可逆過程を一般的な法則として考えるものである．

高温の物体Aと低温の物体Bとが接触すると，熱（エネルギー）がAからBへ移動することを図 1.8 で示した．しかし，この熱現象は不可逆過程であり，

低温の物体Bから高温の物体Aへ熱（エネルギー）が移動することは起こらないのである．

いま，図3.16に示すように，ある系をある経路で状態Ⅰから状態Ⅱへ変化させたとする．そして，逆に状態Ⅱから状態Ⅰに戻す時，実線で示されるように，外部に何らの変化ももたらさずに，Ⅰ→Ⅱの逆の経路Ⅱ→Ⅰを経て，状態Ⅰに戻るとすれば，これは可逆過程である．これに対し，破線で示されるように，状態Ⅱから Ⅰ に戻る際にⅠ→Ⅱと同じ経路を経ることができず，Ⅰ′を経由しなければ状態Ⅰに戻れないのは不可逆過程である．

なお，図3.16に示される可逆過程Ⅰ→Ⅱ→Ⅰのように，同じ P-V 曲線上を移動する場合は，"仕事"がゼロなのである．それに対し，不可逆過程Ⅰ→Ⅱ→Ⅰ′→Ⅰの場合のように，P-V 図でアミかけで示される"面積"は，この系が外部に与えた"仕事"を概念的に表わしているのである．

熱力学の第2法則は，いわば，自然現象として，どのような過程が起こり，どのような過程が起こらないかを述べるものである．これをまとめておこう．

> **熱力学の第2法則**：熱は自然に高温部（物体）から低温部（物体）へ流れるが，低温部（物体）から高温部（物体）へ自発的に流れることはない．

われわれの日常生活での経験を考えてみても，例えば，自分の体温より冷た

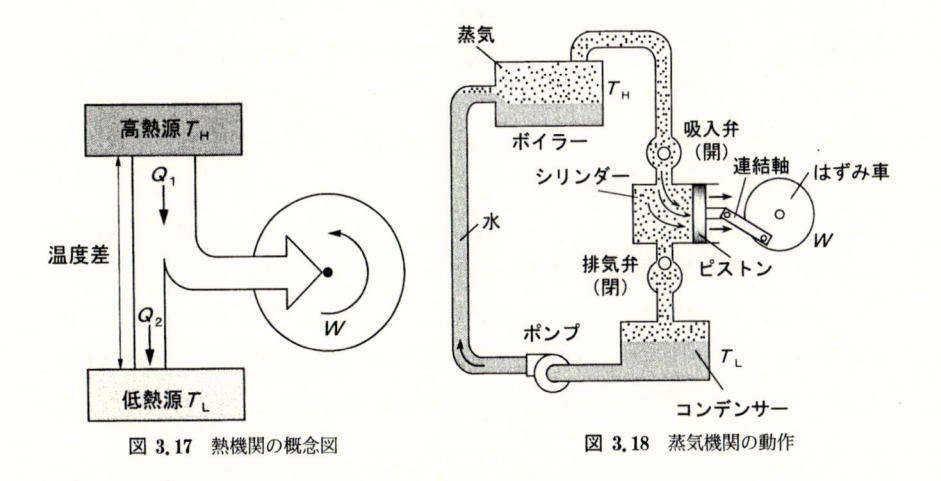

図 3.17　熱機関の概念図　　　　図 3.18　蒸気機関の動作

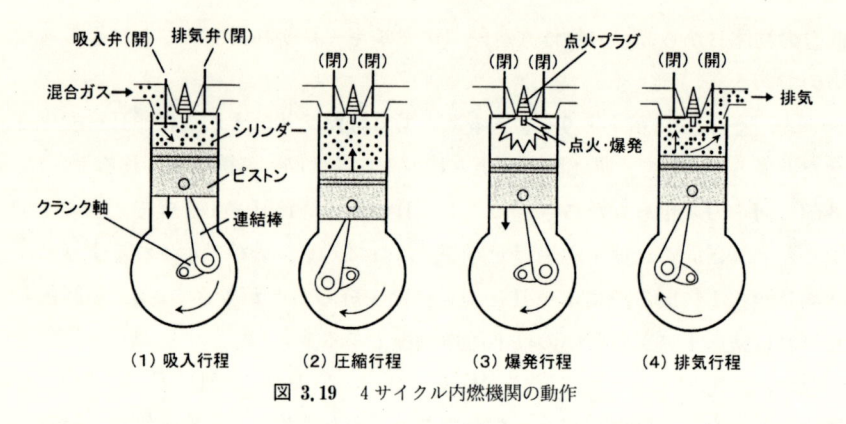

図 3.19　4サイクル内燃機関の動作

い物を触って「熱い！」と感じることがないように，熱力学の第2法則はあまりにも当たり前のように思える．しかし，熱力学の法則というものは，大体において"経験則"であるから，そういうものなのである．決して難解なことを述べているわけではない．恐れることはないのである．

3.3.2　熱機関と冷蔵庫
■熱機関

　熱エネルギーを力学的仕事に変える原動機を総称して**熱機関**という．2.2.1で述べた蒸気機関（図2.10参照）は熱機関の一種である．熱機関の基本となっている考えは，熱力学の第2法則そのもので，熱は高温の物体から低温の物体へと流れる，ということである．図3.17の概念図で示すように，その"流れる熱（エネルギー）Q"が力学的仕事 W へ変換されるわけである．

　実用的熱機関の代表の一つが，図3.18に模式的に描く蒸気機関である．図2.10および図2.11も参照していただきたい．

　高温（T_H）に熱せられたボイラーで得られた蒸気が吸入弁を通って（この時，排気弁は閉じられている）シリンダー内に入りピストンを動かす．ピストンが元の位置に戻る時に吸入弁を閉じ，開いた排気弁を通して蒸気を低温（T_L）のコンデンサーに送り込む．冷却された蒸気は水となって，ポンプによって再びボイラーに送り込まれる．このようなサイクルが生むピストンの往復運動によって力学的な仕事 W が得られる仕組みである．

3.3 第 2 法則

実用的熱機関のもう一つの代表はガソリンなどを燃料に用いた内燃機関（エンジン）である．図 3.19 に 4 サイクル内燃機関の動作原理を模式的に描く．以下に，(1) → (4) に従って動作の実際を説明する．

(1) **吸入行程**：クランク軸が回転し，ピストンが下向きに動く時，開いた吸入弁を通って混合ガス（ガソリン・エンジンの場合は〈ガソリン＋空気〉）がシリンダー内に吸入される．この時，排気弁は閉じられている．

(2) **圧縮行程**：ピストンが上向きに運動しはじめると吸入弁も閉じられ，混合ガスは 1/6〜1/9 ぐらいの体積まで圧縮され，シリンダー内は高い圧力になる．

(3) **爆発行程**：ピストンの位置が頂点に達し（シリンダー内の圧力が最高に達し）下向しはじめる瞬間に点火プラグに電気火花が飛び，圧縮された混合ガスが爆発する．この時，シリンダー内の圧力が急激に上昇し，ピストンを勢いよく押し下げる．図 3.18 の蒸気機関の場合と同様に，このようなピストンの動きがはずみ車を回転させ，力学的な仕事を生み出すのである．

(4) **排気行程**：爆発行程でピストンが下がりきって上方に向う時，排気弁が開いて燃焼ガスを排気する．

次にピストンの動きは (1) の吸入行程へ向かい，(1) → (2) → (3) → (4) → (1) →が繰り返されてピストンは往復運動を続け，はずみ車が回転し続けることになる．このような周期的な過程を**サイクル**というのである．図 3.19 に示される内燃機関は，基本となる 4 サイクルが繰り返されるので，"4 サイクル内燃機関（エンジン）"と呼ばれるわけである．このほかに，クランク軸の 1 回転で動作 1 組を完了する 2 サイクル内燃機関（エンジン）が知られている．

ここで，もう一度，図 3.17 に戻って熱機関の原理を復習してみよう．

蒸気機関（図 3.18）にせよ，内燃機関（図 3.19）にせよ，力学的仕事を生み出す源は"温度差 $(T_H - T_L)$"なのである．この"温度差"が"体積変化"をもたらし，それを力学的仕事に変換している．高温は蒸気機関の場合，ボイラーの加熱によって，内燃機関の場合は混合ガスをシリンダー内で爆発させることによって得られている．

供給された熱 Q_1 がどれだけ有効な仕事 W に利用されたかを示すのが 2.2.3

で述べた**効率**であり，それは

$$\eta = \frac{W}{Q_1} = \frac{Q_1 - Q_2}{Q_1}$$

$$= 1 - \frac{Q_2}{Q_1} \tag{2.36}$$

$$= 1 - \frac{T_L}{T_H} \tag{2.37}$$

で表された（図3.17も参照のこと）．

■冷蔵庫

いままで"熱い"話が続いたので，ここで気分転換のために"冷たい"話をしよう．現代の日常生活では不可欠のものになっている冷蔵庫の話である．

現在，一般家庭にある電気器具は数えきれないほどである．国語辞典の「電気」の項を調べてみても，電気器具の多さがわかる．これらは本書のほとんどの読者にとっては，生まれた時から既に身近なものかも知れないが，昔（といっても，それほど"昔"のことではない）はなかったものである．しかし，いまとなっては，いずれも生活必需品となっている．

これらの電気器具の中で，特に電気冷蔵庫がない生活というのは，いまやまったく考えられないのではないだろうか．他の電気器具はなければないで何とかやっていけそうな気がするが，電気冷蔵庫はわれわれの食生活に直結しているだけに，いまさらなくなったらかなりきついだろう．

電気冷蔵庫の原型である冷凍庫がフランス，ドイツ，アメリカなどで実用化されたのは19世紀末であるが，私が小さい頃(昭和30年頃)，家にあったのは"電気"冷蔵庫ではなく"氷"冷蔵庫だった．氷の塊を上段に置いて，氷の冷気で冷やすという極めて"原始的"なものだった．いつの頃か，はっきりした記憶がないが，日本でもほどなく"氷"冷蔵庫は電気冷蔵庫に完全に置き換えられた．

余談ながら，電気冷蔵庫（冷凍庫）は欧米でいち早く実用化されたのであるが，それは，欧米人の"肉食"と深く関係している．一般に，新鮮な魚や野菜を好む日本人にとって，冷蔵庫や冷凍庫はそれほど必要ではなかったのである（昔は，現在のように，冷凍食品が巷にあふれていなかった）．

3.3 第 2 法則

ところで，白熱電球にせよ，電気ストーブにせよ，電気と熱は結びつきやすい，つまり電気を使って物を温めたり熱したりするのは理解しやすいが，電気で物を冷やす，というのはなかなか考えにくい．物を冷やすには，その物から熱を奪わなければならないのに，"電気"は熱を与えてしまいそうな気がする．私自身，小さい頃，電気冷蔵庫というものが不思議で仕方なかった．しかし，いまは，その仕組みがよくわかる(熱力学を勉強したお蔭である！)．"電気"冷蔵庫とはいうものの，電気は裏方で，主役は**冷媒**と呼ばれる液化しやすい気体なのである．そして，そこでは熱力学が大活躍しているのだ．2.2.1で述べたように，イギリスで起こった産業革命に重要な役割を果したのも熱力学であった．本書は，そのような熱力学に親しんでもらうことを目的にしているのである．

さて，電気冷蔵庫には原理が異なる圧縮式と吸収式の2種があるが，ここでは一般的であり，また本項で述べる熱力学とも密接に関係する圧縮式電気冷蔵庫の仕組みについて述べる．

電気冷蔵庫の仕組みを説明する前に，"冷やす"ということの一般的な原理について考えてみよう．

注射あるいは採血をする時(私はどちらも大嫌いだが)，皮膚をアルコールで消毒する．この時，肌がひんやり冷たく感じるのは誰でも経験していることだろう．図1.1，1.8で説明したように，"冷たく"感じるのは，その部分の熱が奪われるからである．逆に"熱く"感じるのは熱が与えられるからである．

上の例で，肌がひんやり冷たく感じるのは，皮膚につけられたアルコールが

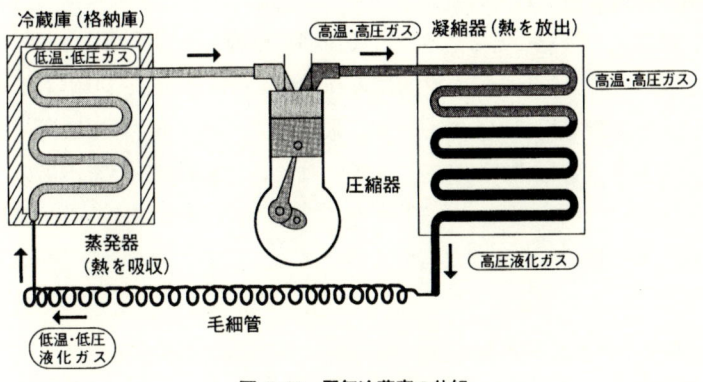

図 3.20 電気冷蔵庫の仕組

蒸発するために皮膚から熱（**蒸発熱，気化熱**）を奪うからである．夏の暑い日などに庭に"打ち水"をすると涼しく感じるものであるが，これもアルコールの場合と同様に，水が蒸発するために地面から熱を奪うからである．

冷蔵庫であれ，後述する冷房装置であれ，低温を作るのに最も一般的な方法は，この蒸発熱を利用するものである．

さて，図3.20を用いて電気冷蔵庫の仕組みについて考えよう．なお実際の冷蔵庫には気体や液化ガス（液体）の流れを制御するために弁が多用されているが，図3.20ではそれらを省略してある．

まず，圧縮器で冷媒の気体（一般的にはフロンガス）を圧縮して得た高温・高圧ガスを凝縮器へ送る．ここで熱を外部に放出する（冷蔵庫の背後が熱いのは，この熱のためである）と，冷媒の気体は液化し高圧**液化ガス**に変わる（"液化ガス"といっても実際は気体ではなく液体なのであるが，慣用として，このように呼ばれる）．

凝縮器を出た高圧液化ガスは毛細管を通って蒸発器に向かうが，この時，管壁の抵抗のために低温・低圧になる（この行程は補足的であり，原理的本質ではない）．そして，蒸発器に入った液化ガスは容積の増加に伴なって減圧膨張し気化する．この時，周囲から熱を奪って冷蔵庫（格納庫）内を冷却するのである．

冷房機の仕組も基本的には図3.20に示すものとまったく同じである．冷蔵庫の場合は，図3.20に示す各部品が一体になっているが，冷房機の場合，圧縮器と凝縮器が室外に置かれている．

また，既に気づいたことと思うが，暖房機の原理も冷房機の場合と同じである．凝縮器から放出される熱を室内に入れれば暖房機になる．以前は，"エアコン"といえば冷房専用機が多かったが，最近の"エアコン"は冷暖房兼用機がほとんどである（昔は"クーラー"と呼ばれていたものが，いま本当の"エアコン（エアー・コンディショナー）"になった）．図3.20に示す冷媒の流れを逆にすれば，冷房機にも暖房機にもなるのである．

3.3.3 カルノー・サイクル

私自身を含め，学生時代に「熱力学」を勉強した者が，後年「熱力学」のこ

とを少しでも思い出すことがあるとすれば，まっ先に思いつくのが，この**カルノー・サイクル**という"単語"だろうと思われる．そして，同時に，「熱力学」に苦手意識が芽生えたのも，このカルノー・サイクルが登場した頃ではなかったか，と思い当るのではないだろうか．カルノー・サイクルという"単語"自体は，頭の中の片隅に極めて強烈な"痕跡"を遺すのであるが，実際それが何なのかについては，残念ながら，甚だ心細い限りなのである．カルノー・サイクルとはそういうものなのである．

しかし，カルノー・サイクルは熱力学の第2法則の確立の基礎とされているもので，「熱力学」を勉強する以上，どうしても避けて通ることができない．そこで，以下，カルノー・サイクル，ひいては「熱力学」に"親しむ"ことを目標にし，簡単に触れることにする．

カルノー（1796—1832）はフランスの物理学者として知られているが，理工科大学を卒業して軍務に就きながら，物理学のほかに数学，化学，博物学など広い分野の研究をした上，産業に興味を持ち，特に蒸気機関の改良（チョット休憩●2参照）に強い関心を持っていた．そして，1824年，28歳の時，「火の動力とこの力を発現させるのに適した機械に関する考察」という論文で，熱量の保存と永久機関不可能という2原理を展開した．しかし，その論文がフランスの物理学者クラペイロン（1799—1864）に認められたのは10年後で，さらにイギリスのケルヴィン卿（チョット休憩●3参照）に認められたのはその10年後であり，それまでは，カルノーのこの論文の重要性は知られていなかったのである．その後，カルノーの名前は「熱力学」の中で燦然と輝くことになるのであるが，1832年，36歳の若さで死んだカルノーは，そのことを知る由もなかった．

まえおきが長くなってしまった．以下に，**カルノーの原理**，カルノー・サイクルについて述べる．

図3.17と式(2.36)をよく見て欲しい．効率を高めるためには，目的とする仕事 W に貢献しない排熱 Q_2 をなるべく小さくすることである．究極的には，$Q_2=0$ にすれば，$\eta=1$，つまり効率は100％になる．実は，熱機関の効率を最大限にする方法を最初に考案したのがカルノーなのである．

前述のように，熱機関の動力の源は"熱の移動"であり，熱の移動は温度差

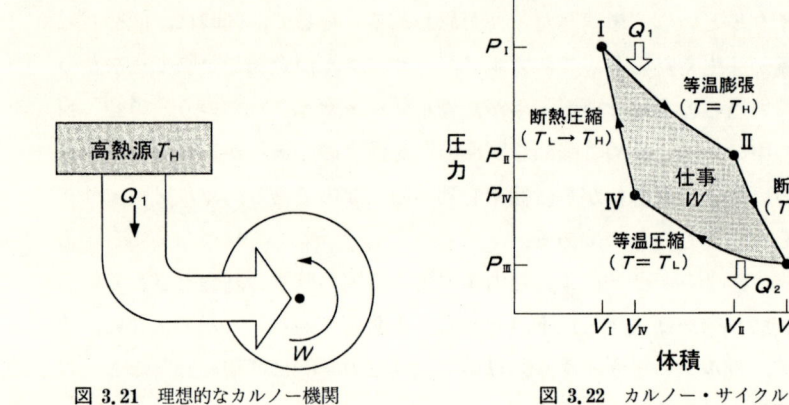

図 3.21　理想的なカルノー機関　　　図 3.22　カルノー・サイクル

のある物体が接する時，高温部から低温部に起こる．熱の移動の際，外部に仕事を行なう場合と行なわない場合がある．最も効率のよい熱機関は熱の移動が常に仕事を伴うものである．

　熱機関の効率を悪くする具体的な原因は，直接触れ合っている物体(例えば，ピストンとシリンダー)間の温度差にある（式 (2.37) 参照）．したがって，例えばピストンの往復運動の際，シリンダーの内壁との間に温度差を生じないように工夫すればよいことになる．このような熱機関は最大の効率を持ち，これを**カルノー機関**と呼ぶ．

　しかし，ピストンとシリンダー内壁との間に温度差がないということは，その両者間で摩擦がまったくないことを意味するから，カルノー機関は現実には存在しない．それは，現実の熱機関の一つの極限として，図 3.21 に示すような，いわば理想的な熱機関として考えられたものなのである．図 3.21 を図 3.17 と比べて欲しい．

　カルノー機関では，シリンダー内の気体に熱 Q_1 を与え，また，これから熱 Q_2 を奪ってピストンの往復運動を繰り返す．気体が高熱源 ($T = T_H$) から熱量 Q_1 を吸収する過程では気体の温度も常に T_H に保たねばならない（**等温過程**）．また，気体が低熱源 ($T = T_L$) に熱量 Q_2 を放出する過程でも，気体の温度を常に T_L に保たねばならない．このような一連の過程をカルノー・サイクルと呼ぶのである．これを図 3.16 に順じて描くと図 3.22 のようになる．

出発点をⅠと考えたカルノー・サイクルにおいては，(1) 等温膨張（Ⅰ→Ⅱ），(2) 断熱膨張（Ⅱ→Ⅲ），(3) 等温圧縮（Ⅲ→Ⅳ），(4) 断熱圧縮（Ⅳ→Ⅰ）の過程を経て元の状態Ⅰに戻る．これが"1サイクル"である．

次に，各過程における仕事 W について考えてみよう．話を簡単にするために，シリンダー内には1モルの理想気体が閉じ込められているとする．

(1) 温度を T_H に保ったまま体積が $V_Ⅰ$ から $V_Ⅱ$ へ膨張するとともに圧力は $P_Ⅰ$ から $P_Ⅱ$ へ減少する．温度は一定（T_H）に保たれているから，理想気体の内部エネルギーは変わらない．したがって，高熱源から得た熱量 Q_1 は気体が外部に対して行なった仕事 $W_{ⅠⅡ}$ に等しく，式 (3.27) より

$$Q_1 = W_{ⅠⅡ} = RT_H \log \frac{V_Ⅱ}{V_Ⅰ} \tag{3.59}$$

となる．

(2) 断熱膨張の過程では温度が低熱源の温度 T_L まで下降する．この場合，気体が外部に対して行なった仕事 $W_{ⅡⅢ}$ は，気体の内部エネルギーの減少量に等しく，式 (3.45)，(3.47) より

$$W_{ⅡⅢ} = \frac{R(T_H - T_L)}{\gamma - 1} = c_V (T_H - T_L) \tag{3.60}$$

となる．

(3) ここから"復路"に入るが，体積が $V_Ⅲ$ から $V_Ⅳ$ へ等温圧縮され，熱量 Q_2 が低熱源に放出される．理想気体側から見て，この時の熱量を $-Q_2$ とし，理想気体が外部に対して行なう仕事を $-W_{ⅢⅣ}$（外部に行なわれる仕事 $W_{ⅢⅣ}$ と同じ意味）とすれば (1) の場合と同様に

$$-Q_2 = -W_{ⅢⅣ} = -RT_L \log \frac{V_Ⅳ}{V_Ⅲ} \tag{3.61}$$

となる．

(4) 体積 $V_Ⅳ$ から $V_Ⅰ$ へ断熱圧縮され，温度は T_L から T_H まで上昇する．この場合，気体の内部エネルギーは増加し，気体が外部に対して行なう仕事 $-W_{ⅣⅠ}$（外部に行なわれる仕事 $W_{ⅣⅠ}$）は

$$-W_{\text{IV I}} = \frac{R(T_{\text{L}}-T_{\text{H}})}{\gamma-1} = c_V(T_{\text{H}}-T_{\text{L}}) \tag{3.62}$$

で与えられる．

以上の考察から，カルノー・サイクルに関し，重要な結論が導かれる．

まず第一に，式 (3.60) と (3.62) を見比べれば明らかなように，断熱膨張によって理想気体が外部に対して行なった仕事と，断熱圧縮によって理想気体が外部に行なわれる仕事は等しい，ということである．つまり，"差し引きゼロ"である．

このことは，カルノー・サイクルの 1 サイクルで理想気体が外部に対して行なう正味の仕事は，等温膨張と等温圧縮の仕事の差（$W_{\text{I II}} - W_{\text{III IV}} = Q_1 - Q_2$）ということになる．いまここで，このカルノー・サイクルの 1 サイクルにおける "正味の仕事" を ΔW_{C} とすれば

$$\begin{aligned}
\Delta W_{\text{C}} &= W_{\text{I II}} + W_{\text{II III}} + W_{\text{III IV}} + W_{\text{IV I}} \\
&= RT_{\text{H}}\log\frac{V_{\text{II}}}{V_{\text{I}}} - RT_{\text{L}}\log\frac{V_{\text{IV}}}{V_{\text{III}}} \\
&= Q_1 - Q_2 = \Delta Q_{\text{C}}
\end{aligned} \tag{3.63}$$

となる．なお，ΔQ_{C} はカルノー・サイクルの 1 サイクルにおける熱量の "正味の出入" を表わす．

結論 $\Delta W_{\text{C}} = \Delta Q_{\text{C}}$ を見れば，カルノー・サイクルが簡単なものに思えるのではないだろうか．私は学生時代「カルノー・サイクルは難解」と思っていたのだが，いまにして考えれば，それは誤解だったようである．

3.3.4 クラウジウスの原理とトムソンの原理

熱力学の第 2 法則は，3.3.1 で述べたように，自然現象としての熱の移動の方向を規定したものであった．熱が低温部から高温部へと移動することはないのである．ドイツの物理学者クラウジウス (1822—88) は，前項で述べたカルノーの思想をさらに進め，熱力学の第 2 法則を次のように表現した．

> **クラウジウスの原理**：ほかに何らの変化も遺すことなしに，熱を低温の物体から高温の物体に移動させることは不可能である．

　81ページにまとめた熱力学の第2法則と読み比べれば明らかなように，当然のことながら，これらは互いに"同じこと"をいっている．しかし，クラウジウスの原理は，ほかに何らかの変化を遺すことが許されるならば，熱を低温の物体から高温の物体に移動させることが可能である，といっているのである．

　例えば，3.3.2で述べた冷房機（クーラー）のことを考えてみよう．外の気温が38℃というような夏の暑い日，冷房が効いた室温24℃の部屋の中にいることを思い出していただきたい．

　クーラーを止めると室温は24℃から徐々に上昇し，外の気温に近づくことになる．つまり，クーラーを運転させることにより，低温（24℃）の部屋から高温（38℃）の戸外へと熱を移動させていることになる．このことを単純に考えれば，熱力学の第2法則に反しているように思われるではないか．

　しかし，ここでクラウジウスの原理が活きてくるのである．

　室温を低温に保つために"働いている"クーラーを運転させているエネルギー（電気）のことを忘れてはいけない．そのエネルギーを得るためには"ほかに何らかの変化"を遺さざるを得ないのである．その電気エネルギーが水力発電によって得られたものならば，それに相当するだけダムの水位が下がっているであろうし，火力発電によって得られたものならば，それに相当するだけの燃料が燃焼しているし，その結果，地球の温暖化にも「貢献」しているであろう．

　一方，本書でもしばしば登場するトムソン（ケルヴィン卿）（本章末の〈チョット休憩●3〉を参照）は，熱力学の第2法則を次のように表現した．

> **トムソンの原理**：ただ一つの熱源から熱を吸収し，それをすべて仕事に変え，それ以外に何の変化も遺さないような過程は実現不可能である．

　ここで「それ以外に何の変化も遺さない」ということは，式（2.36）および

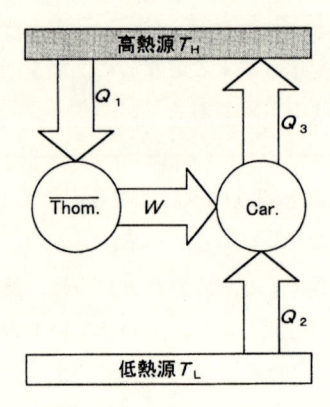

図 3.23　トムソンの原理の否定

図 3.17 において，$Q_2=0$ ということである．このトムソンの原理も熱力学の第2法則の"別表現"になっているのだが，実は 3.2.1 で簡単に触れた第2種の永久機関の実現を否定するものでもある．このことから，トムソンの原理を「第2種の永久機関の実現は不可能である」といい換えてもよい．

　ここでもう一度，第2種の永久機関がいかなるものであるかを考えてみよう．これは，図 3.21 に示したような，外部から得た熱をそのままそっくり仕事に変換できる熱機関なのである．効率は 100％である．つまり，式(2.36)で $Q_2=0$, $\eta=1$ を意味する．もし，このような熱機関が可能であるならば，海洋や大気から熱を吸収し，それをそのままそっくり仕事に変換することが可能になるわけで，燃料が一切不要の船や飛行機が実現するだろう．このことは，現在，地球上で最も深刻な問題になりつつあるエネルギー問題を事実上解決できることになる．これは大変なことで，実現させた者には，ノーベル賞どころではない人類史上最高の栄誉が与えられるであろう．事実，そのような栄誉を夢見た，あるいは夢見ている科学者，技術者はいまでも少なくない．しかし，トムソンは，そのような熱機関は実現不可能である，といっているのである（およそ 150 年も前に！）．

　3.2.1 で述べた第1種の永久機関が実現不可能なことは，それがエネルギーの保存則に反することから比較的理解しやすい．しかし，第2種の永久機関は，エネルギーの保存則に反するわけではない．これがなぜ実現不可能なのか．図 3.23 で考えてみよう．

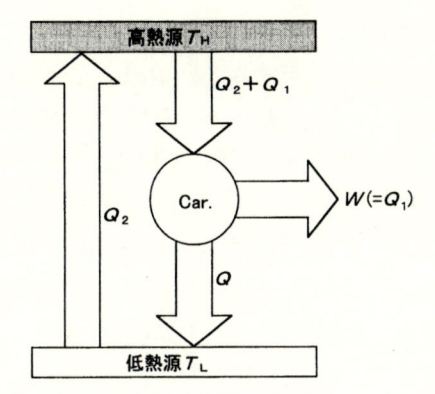

図 3.24　クラウジウスの原理の否定

いま仮に，トムソンの原理を否定する熱機関が存在するとして，それを $\overline{\text{Thom.}}$ とする．これは，高熱源 ($T=T_H$) から熱 Q_1 を吸収し，それをそっくり仕事 W に変換できる熱機関である（まさしく，トムソンの原理に反している！）．この仕事 W を利用して，カルノー機関 Car. に低熱源 ($T=T_L$, $T_L < T_H$) から Q_2 の熱を吸収し，高熱源に $Q_3=W+Q_2$ の熱を放出させる．低熱源から熱を吸収し，それを高熱源に放出する，というのは不自然に思うかも知れないが，クラウジウスの原理の説明のところで述べたクーラーの場合と同じように，そこには仕事 W が働いているので問題ない．また，このような過程は，図 3.22 で示したカルノー・サイクルの逆運転と考えればよい．

いま，これらの熱機関 $\overline{\text{Thom.}}$ と Car. とを結合した〈$\overline{\text{Thom.}}$ + Car.〉を一つの複合機関と考えてみる．

この複合機関は，1サイクルの間に低熱源から $Q_2(>0)$ の熱を吸収し，高熱源に

$$\Delta Q = Q_3 - Q_1 = (W + Q_2) - Q_1 \tag{3.64}$$

の熱を与えることになる．ここで，$\overline{\text{Thom.}}$ は，トムソンの原理に反する熱機関だから，$W=Q_1$ であり，これを式 (3.64) に代入すれば

$$\begin{aligned}\Delta Q &= (Q_1 + Q_2) - Q_1 \\ &= Q_2\end{aligned} \tag{3.65}$$

となる．

つまり，この複合機関は，「ほかに何らの変化も遺すことなしに，熱 Q_2 を低

熱源から高熱源に移動させた」ことになる．これは，前述のクラウジウスの原理に反する．したがって，熱力学の第2法則に反することになり，ここで仮定したトムソンの原理を否定する熱機関 $\overline{\text{Thom.}}$ の実現は，誠に残念ながら不可能なのである．つまり，クラウジウスの原理が否定されない限り，トムソンの原理も否定されないことになる．

次に，クラウジウスの原理が否定される場合について図3.24を用いて考えてみよう．

クラウジウスの原理が否定されるのであるから，低熱源から高熱源へ Q_2 の熱が自然に，ほかに何らの変化も遺すことなしに移動する．そこでカルノー機関 Car. を運転して，高熱源から Q_2+Q_1 の熱を取り出して，W の仕事をして低熱源へ熱 Q を放出するのであるが，低熱源から高熱源に移動する熱が Q_2 であるから，$Q=Q_2$ である．つまり，$W=Q_1$ ということになる．これは，高熱源から Q_1 の熱を取って，それをそのままそっくり仕事 W に変換したことになる．このことはトムソンの原理の否定を意味する．つまり，トムソンの原理が否定されない限り，クラウジウスの原理も否定されないことになる．

以上，話がいささかゴチャゴチャしたかも知れないが，要は，クラウジウスの原理とトムソンの原理は等価なのであり，いずれも熱力学の第2法則を別の観点から表現したものなのである．

3.4 エントロピー

3.4.1 エントロピーとは何か

カルノー・サイクルと並んで，かつて「熱力学」を学んだことがある人が思い出すのは，間違いなく，この**エントロピー**だと思う．そして，「熱力学」を苦手にさせるのも，このエントロピーであろう．かく申す私も例外ではない．いずれにせよ，学生時代の私には「熱力学」によい思い出はないが，特に，このエントロピーには悩まされた．とにかく，何だかよくわからないのである．いまこうして「熱力学」の本を書いている私ですらこうなのだから，初学者がよくわからないのは当然であろう．いま私はエントロピーに悩まされた一人の"先輩"として，このようなことを書いている．エントロピーをはじめて学ぶ読者

3.4 エントロピー

にとっては，それが何のことかさっぱりわからなくても思い悩む必要はない．

以上は，これからエントロピーについて学ぶに当たっての"心の準備"（というよりも"激励"か）と考えていただければよい．

エントロピーという言葉は，前項で登場したクラウジウスが1865年に，ギリシア語の"$trop\bar{e}$（変化）"から名づけたとされている．英語では"entropy"と書かれる．適当な日本語訳はないので，そのまま"エントロピー"が使われているのである（ちなみに中国語では"熵"と訳している）．クラウジウスの造語ということからもわかるように，"エントロピー"はもともと熱力学の用語であり，それをこれから説明しようとしているのであるが，現在では様々な意味に使われている．例えば，"entropy"を『小学館ランダムハウス英和大辞典』で調べてみると，(1)の熱力学上の意味（これは，あとのお楽しみに！）を省いて記せば，「(2)（データ通信・情報理論で）信号やメッセージの伝達における情報のロスを計る尺度，(3)（宇宙論で）すべての物体が，温度が一様で完全な無秩序になる熱的死（heat death）の状態へ到達してしまうという宇宙についての仮説的な性質，(4) 不可避的な社会的衰退〔減退〕や退歩〔退化〕の原則，(5) 同質性，同一性，無差別」，となっている．(5)を除けば，エントロピーというものは，何だかおどろおどろしい感じがするものである．前述のように，エントロピーの語源は「変化」を表わすギリシア語の"$trop\bar{e}$"であるが，その「変化」はどうも好ましい変化のようには思えない．物事が「同質化，同一化，無差別化」されることも，私には好ましいことには思えない．

さて，肝心の熱力学におけるエントロピーとは何か．熱力学の本には（本書も"熱力学の本"ではあるが），よく「無秩序さ，乱雑さの尺度である」というようなことが書かれている．しかし，その「無秩序さ」「乱雑さ」とは何なのかがよくわからない．"〜"の尺度である，といわれても，"〜"がよくわからなければ，その"尺度"もよくわからないのは物事の道理というものである．結局，エントロピーとは何かがよくわからない．

いつまでも「わからない」といっていても仕方がないから，これから「わかる」ように努力してみよう．ちょっと大袈裟にいえば，読者にカルノー・サイクルとエントロピーがわかってもらえれば，少なくともわかったような気になってもらえれば（そのために筆者たる私は奮闘しているのだが），熱力学に親し

むことを目的にしている本書の役目は果たせたも同然なのである.

3.4.2 エネルギーの価値

いままで繰り返し述べてきたように，また図3.17に示したように，熱が仕事 (W) に変わる (熱が仕事をする) のは，熱量 (Q) という形で移動する場合である．つまり，われわれは，熱の移動を利用することによって"文明的生活"を送っているのである．そして，そのような自発的な移動は，熱力学の第2法則が明らかにしているように，高温 (T_H) の熱源から低温 (T_L) の熱源への一方向に限られる.

熱が移動するためには，二つの物体 (系) の間に"温度差"がなければならない．つまり，熱源と"常態"との温度差が大きいほど，単純にいえば，温度が高い熱源ほど利用価値が高い熱源ということになる．別のいい方をすれば，温度が高い熱ほど利用価値が高い，ということである．このことは，式(2.37)でも表わされているのであるが，図3.25に定性的に描いてみよう．図中，T_R は"常態"の温度を示す．また，曲線の形に深い意味はない (本当はどのような形になるのか，考えてみるのも興味深いことである)．高温ほど，より大きな利用価値があることを示している．二つの物体 (熱源) に温度差がある限り熱エネルギーの移動が続き，仕事が行なわれるが，高熱源の温度が"常態"の温度と等しくなり ($T_H = T_R$)，温度差がゼロになった時，熱エネルギーの移動が停止する．移動しない熱は仕事をしないから，温度が T_R に等しい熱の利用価値はゼロである.

熱量 (Q) については，1.1.4で述べたのであるが，ここでもう一度，その"中

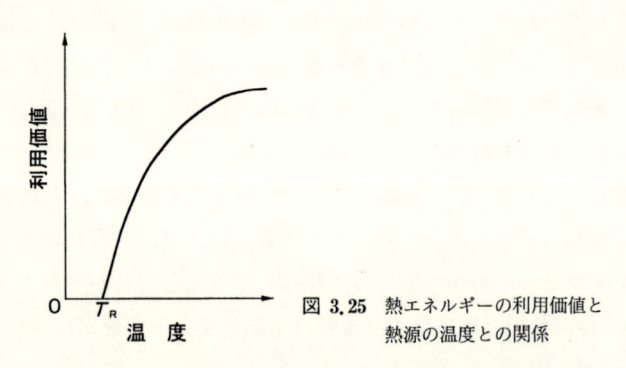

図 3.25　熱エネルギーの利用価値と熱源の温度との関係

味"について考えてみよう．

式 (1.6) で議論されたように，熱量 Q は

$$Q = mcT \tag{3.66}$$

で表わされる．言葉で書けば，「熱量＝質量×比熱×熱力学的温度」である．いま，高温の熱ほど利用価値が高い，と述べたのであるが，単純に，式 (3.27) に示した $\Delta W = \Delta Q$ のことだけを考えれば，たとえ温度が低くても膨大な質量があれば，結果的に Q は大きくなり，それが行ない得る仕事 W の量も大きくなる（式 (3.66)）ので，そのような低温の熱の価値も，「塵も積もれば山となる」という感じで，小さくはなさそうである．

例えば，海水のことを考えてみよう．

海水の表層の温度は，熱帯でもせいぜい 30°C 程度，深層では 2°C 程度と考えられているので，"熱源"の温度としては，いささか低い．しかし，正確にどれだけのものか私は知らないが，地球の海水の量（質量）は膨大である．つまり，海水が有する潜在的な熱量 (Q) は膨大なものである．ところが，この膨大な量の海水を熱源として利用するのは極めて不便である．つまり，利用価値が低いのである．

熱源は，エンジンのシリンダー内の爆発燃焼のように，コンパクトなものほど，その利用価値が高いのである．つまり，比熱 c は物理定数で不変だから，熱源としては，質量 m は小さいほど，温度 T は高いほど好ましいのである．

次に，話を少々飛躍させて全宇宙のエネルギーのことを考えてみよう．宇宙といっても範囲が広すぎるので，まず，われわれに身近な太陽エネルギーについて考える．

恒星（自ら発光する天体）の一つである太陽は，約 50 億年前に誕生し，水素がヘリウムに変わる核融合反応によって発生するエネルギーを，光や熱として放射している（本章扉の写真参照）．そして，太陽表面の温度は約 6000 K にもなっている．そのエネルギーは，地球上のわれわれ人類を含むすべての生物の生命維持，生活にとって必要不可欠のものである．太陽エネルギーは図 3.26 に模式的に描くように宇宙空間に発散されており，地球上の生物はその恩恵を受けているのである．この地球が受けるエネルギーは全太陽エネルギーの 10 億分

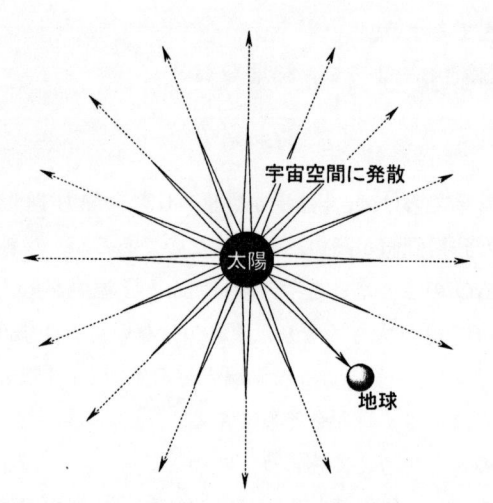

図 3.26　宇宙空間に発散される太陽エネルギー

の1ぐらいと考えられている．残りは広大な宇宙に発散されているわけである．
　しかし，この太陽も，あと50億年ほどで燃えつき，熱エネルギーを失なうと考えられている．太陽を含むすべての恒星は，いわばエネルギーの"塊"であり，そのエネルギーを宇宙空間に熱という形で移動させているのである．われわれはその熱を吸収しているわけである．太陽と同様に，すべての恒星も，いずれは燃えつき，エネルギーを使い果してしまう．それが，"星の死"といわれるものである．すべての生物と同じように，星も生成（誕生）し消滅（死）するのである．エネルギー保存の法則により，全宇宙空間のエネルギーの総和は変わらないが，空間に発散された熱エネルギーは，次第に，その利用価値を下げていく．そして，熱力学の第2法則が明らかにするように，図3.26に示される発散した熱が逆向きに移動し，再び"塊"のエネルギーに戻ることは決して起こらないのである．
　つまり，死んでいく星の数と同じ数の星が生まれない限り，いずれ宇宙には光輝く星がなくなってしまい，まさに暗黒の世界になるであろう．これが，前述の"エントロピー"の意味（3）に述べられる宇宙の"熱的死"というものであり，それは"温度が一様で完全な無秩序状態"というわけである．この場合，"塊状態"にあるエネルギーが"秩序あるエネルギー"であり，同時に利用価値

が高いエネルギーである．他方，発散してしまったエネルギーは"無秩序なエネルギー"であり，同時に利用価値が低いエネルギーである．

前述の，熱力学の本にしばしば書かれている「エントロピーは無秩序さ，乱雑さの尺度である」の"無秩序""乱雑"は，いま述べたようなことを意味するのである．したがって，具体的にいえば，エントロピーは，熱力学においては，熱エネルギーの"利用価値の程度"を表わす尺度である．

図 3.25 や図 3.26 の説明で既に明らかだと思うが，熱は移動すればするほど，拡がれば拡がるほど，その利用価値を低下させるのである．

さて，ここで「エントロピーとは何か」について簡単にまとめておこう．

熱は高温の熱源から低温の熱源へ移動する時に仕事をする．したがって，移動しない熱の利用価値はゼロである．エントロピーとは，このような状況において，エネルギーの価値がどうなるかを示すものである．

ここまで理解できれば，エントロピーの本質をほとんどを理解した，と思ってよい．次に，エントロピーを定量的に考えてみよう．

3.4.3 効率とエントロピー

いま，熱の利用価値について述べた．"利用価値"は"効率"に密接に関係する．先ほど，海水が持つ潜在的な総熱量は膨大なものであるが，それは利用価値が低い，と述べた．つまり，海水を熱源として使う場合，その効率が低いのである．

熱機関の効率 η は

$$\eta = 1 - \frac{Q_2}{Q_1} \tag{2.36}$$

$$\eta = 1 - \frac{T_2}{T_1} \tag{2.37}$$

で与えられた．可逆過程の場合，これらの 2 式から**クラウジウスの関係式**と呼ばれる

$$\frac{Q_1}{T_1} = \frac{Q_2}{T_2} \tag{3.67}$$

が得られる．Q_1/T_1，Q_2/T_2 を言葉で表わせば，「出入りする熱量を温度で割っ

たもの」であり，このような量を一般的に

$$S = \frac{Q}{T} \tag{3.68}$$

で表わし，前述のように，クラウジウスはこれを**エントロピー**と呼んだのである．なお，エントロピーの単位は，上式からも明らかなように [J/K] である．

ところで，式 (3.66) によれば，$Q=mcT$ だから，これを式 (3.68) に代入してしまうと

$$S = \frac{Q}{T} = \frac{mcT}{T} = mc \tag{3.69}$$

となり，エントロピーは，〈質量×比熱〉のことか，と思ってしまうが，これはまずい．エントロピーは，あくまでも，熱の移動にともなうエネルギーの価値の変化を表わす尺度であるので，式 (3.68) は，正しくは

$$\Delta S = \frac{\Delta Q}{T} \tag{3.70}$$

あるいは，微分形で

$$dS = \frac{dQ}{T} \tag{3.71}$$

と書かれるべきであろう．

余談ながら，このエントロピーに，なぜ"S"という文字を当てたかについては諸説があるものの確かなことはわからない．普通，この種の文字（記号）は欧米語の"頭文字"が当てられるのであるが，英語の"Entropy"にも独・仏語の"Entropie"にも"S"は見当たらない．

さて，熱力学の学習者のほとんどを悩ませるエントロピーというようなものがなぜ必要なのか．

それは既に図 3.25 で説明したことでもあるが，たとえ同じ熱量 ΔQ の熱エネルギーであっても，その価値は，その温度 T によって異なることを定量的に表わすためである．総量としては膨大な熱量 ΔQ であっても，その温度 T が低いために利用価値が低い熱エネルギー源の例として海水を挙げた．いままで式 (3.27) などによって，熱 ΔQ が移動することによって仕事 ΔW が行なわれる，と述べてきたのであるが，その熱について"温度 T"という重要な因子が隠さ

れていたのである．実は，このことは既に式（2.37）で暗示されていたのではあるが．

したがって，次に，エントロピーと仕事との関係を調べてみる必要がありそうである．

3.4.4　エントロピーと仕事
■P-V図とS-T図

　熱力学的な仕事を図3.19に示す内燃機関の動作を考えながら復習してみよう．図3.19の，(3)爆発（膨張）行程と，(2)圧縮行程の図を簡略化して図3.27(a)，(b)上段に描き直してみる．それぞれの行程のP-V図が下段に示してある．それぞれの行程でなされる仕事がP-V図のアミかけをした部分の面積で表わされることは3.2.3で述べたとおりである．内燃機関を使う立場から考えれば，図3.27(a)に示す爆発・膨張で気体が行なう仕事は"プラス"であり，(b)に示す圧縮の際に行なう仕事は"マイナス"である．したがって，図3.19に示すような内燃機関が行なう"正味"の仕事は，これらの差し引きであり，図3.27(c)には1サイクルにおける正味の仕事が描かれている．このように，P-V図というものは，例えば，図3.19に示すようなシリンダー内で刻々と変化するP，Vを表わし，仕事量を目に見せてくれるので大変重要である．

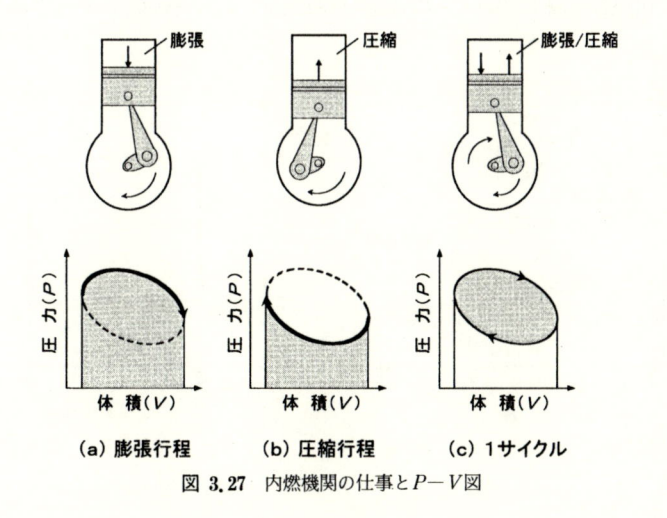

図 3.27　内燃機関の仕事とP-V図

図3.19に示すような内燃機関においては，圧縮と膨張とが繰り返されているのと同時に吸熱（受熱）と排熱（放熱）とが繰り返されているのである．P-V図と同様に，刻々と変化する熱量を図示できれば大変重宝である．ここでさっそうと登場するのがエントロピー S なのである．

式 (3.10) で示したように，〈仕事 (W)＝圧力 (P)×体積 (V)〉であり，それが P-V 図の基本になっている．というより，P-V 図はそもそも仕事を表わす図である，ともいえよう．一方，熱量 Q は式 (3.68) より〈温度 (T)×エントロピー (S)〉なので，P-V 図と同様な T-S 図で表わせそうである．

熱量 Q とエントロピー S の微小変化を考えるのに便利なのが，式 (3.71) である．式 (3.71) を変形して

$$dQ = TdS \tag{3.72}$$

を得る．

ここまで準備したところで，具体例として図 3.22 に示したカルノー・サイクルの T-S 図を考えることにする．ページをくる煩雑さを避けるために，図 3.22 の P-V 図を図 3.28(a) に再掲する．それに対応する T-S 図が (b) に示すものなのであるが，その"成り立ち"を (a) と見比べながら調べてみよう．

カルノー・サイクルは等温過程（膨張，圧縮）と断熱過程（膨張，圧縮）から成っている．等温過程はその名の通り温度 T を一定に保つ過程であり，その

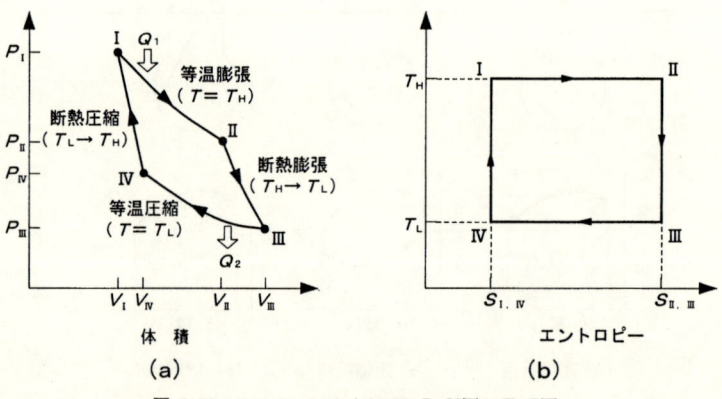

図 3.28 カルノー・サイクルの P-V 図と T-S 図

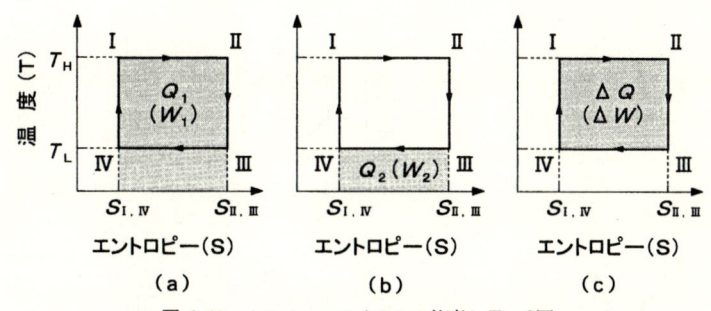

図 3.29 カルノー・サイクルの仕事と $T-S$ 図
(a) 吸収する熱（仕事），(b) 放出する熱（仕事），(c) 正味の仕事

ためには熱 Q の出入りが必要である．したがって，式 (3.71) からも明らかなように，エントロピー S は増減する．つまり，$dS \neq 0$ である．また，断熱過程では熱の出入りがないので $dQ=0$，したがって，$dS=0$，つまりエントロピーは一定となる．このような様子を描いたのが図 3.28(b) である．

さてここで，図 3.27 と同様に，カルノー・サイクルの 1 サイクルにおける仕事について，図 3.29 で考えてみよう．

図 3.28 に示すカルノー・サイクルで，高熱源から吸収する熱量 Q_1 は図 3.29(a) のアミかけ部分の面積で表わされる．また，放出される熱量 $-Q_2$ の絶対値 Q_2 は (b) のアミかけ部分の面積で表わされる．したがって，カルノー・サイクルの 1 サイクルに関わる正味の熱量 ΔQ は Q_1-Q_2 で与えられ，それは図 3.29(c) のアミかけ部分の面積で表わされる．そして，これは，1 サイクルが行なった仕事 ΔW に相当するのである．

ここで，一般的な熱サイクルにおける $T-S$ 図と仕事 W との関係を図 3.27(c) にならって描けば，図 3.30 のようになる．

いま述べたように，熱機関が 1 サイクルで行なう仕事は一般的に図 3.27(c) に示す $P-V$ 図，図 3.30 に示す $T-S$ 図で示されることになる．そこで，高効率の熱機関と低効率の熱機関を視覚的に理解するための $P-V$ 図と $T-S$ 図を一般的に描くとすれば，図 3.31 のようになるだろう．アミかけ部分の面積が，その熱機関の"仕事振り"を表わすことになる．いうまでもないことだが，同じ変化量の中で，アミかけ部分の面積が大きいほど，より大きな仕事を行なうことを意味する．つまり，式 (2.36), (2.37) で示されるように，より高効率

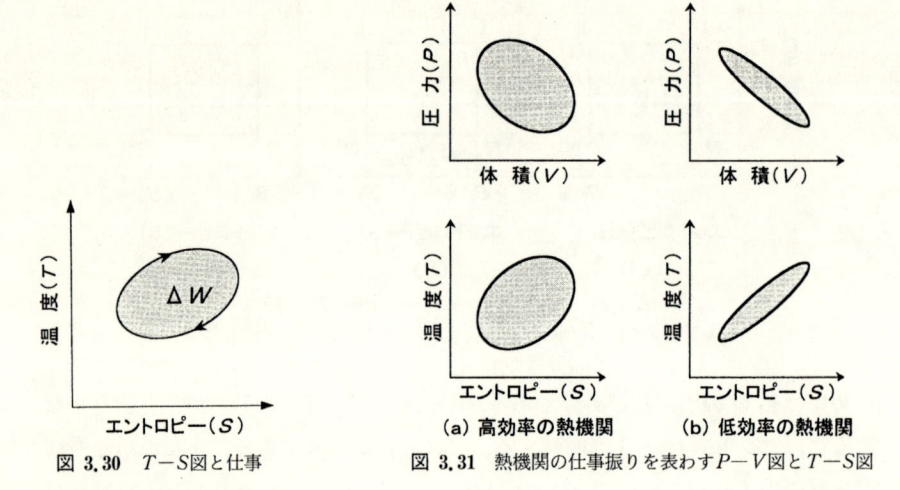

図 3.30　$T-S$ 図と仕事

図 3.31　熱機関の仕事振りを表わす $P-V$ 図と $T-S$ 図
(a) 高効率の熱機関
(b) 低効率の熱機関

ということになる．

■エントロピー増大の法則

さて，いままで何度も「熱は高温の熱源から低温の熱源に移動する時に仕事をする」と述べてきた．その場合，エントロピーがどのように変化するのか調べてみよう．

高温側（T_H）から低温側（T_L）に ΔQ の熱が移動したとすれば，高温側で減少するエントロピー ΔS_H は

$$\Delta S_H = \frac{\Delta Q}{T_H} \tag{3.73}$$

で，低温側で増加するエントロピー ΔS_L は

$$\Delta S_L = \frac{\Delta Q}{T_L} \tag{3.74}$$

である．

この時，ΔQ の熱を放出した高熱源の温度は低下するが，高熱源から ΔQ の熱を得た低熱源の温度は上昇する．この場合の仕事が，図 3.16 に示すような可逆過程，あるいは図 3.21 に示すようなカルノー・サイクルであれば

$$|\Delta S_H| = |\Delta S_L| \tag{3.75}$$

となり，系全体のエントロピーの変化量を ΔS とすれば

$$\Delta S = 0 \tag{3.76}$$

であろう．つまり，エントロピーは変化しない（図 1.8 も参照されたし）．

しかし，現実的には，仕事は図 3.16, 3.17 に示されるように，100％の効率で行なわれるわけではない．したがって，$|\Delta S_L| > |\Delta S_H|$ であり

$$\Delta S = \Delta S_L - \Delta S_H = \frac{\Delta Q}{T_L} - \frac{\Delta Q}{T_H}$$
$$= \frac{\Delta Q (T_H - T_L)}{T_H \cdot T_L} > 0 \tag{3.77}$$

となる．

この式 (3.77) は自然界の基本法則について重要なことを示している．

熱力学の根本なので何度も繰り返すが，熱は移動する時に限って仕事をする．より一般的ないい方をすれば，外部に対する作用をする．そして，熱力学の第 2 法則（81 ページ）が述べるように，熱は必ず高温の熱源から低温の熱源へ移動するから，熱が移動するたびに，つまり仕事が行なわれるたびにエントロピーが増大するのである．

先述のように，エントロピーが「無秩序さ，乱雑さの尺度」であるとすれば，宇宙・自然界は常に無秩序，乱雑な状態に向かっていることになる．

3.4.5 エントロピーの物理的意味

エントロピー S は，式 (3.68) で定義されたように Q/T である．これは"熱量を温度で割ったもの"であるが，"温度"とはそもそも何であったのか．2.1.4 で述べたように，温度は「物質を構成する分子・原子の運動（振動）の激しさ」の程度を表わす物理量である．しかし，それは，1 個や 2 個の分子・原子を対象にしているのではなく，物質（物体）を構成する無数の分子・原子の運動の激しさの平均値のことである．いま，"運動の激しさ"という言葉を使ったのであるが，これが"乱雑さ"あるいは"無秩序さ"につながる概念であることは容易に理解できるだろう．

例えば，図 3.32(a) に模式的に描くように，運動場あるいは体育館に整列す

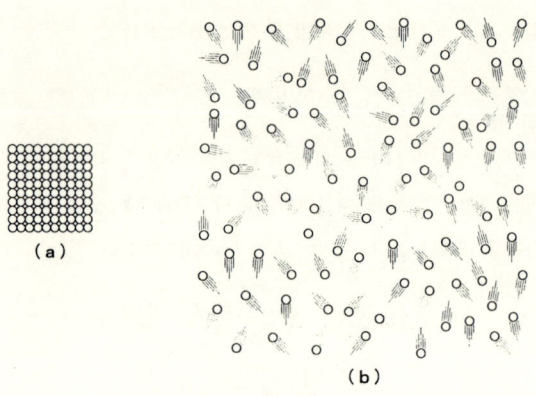

図 3.32 生徒の系
(a) エントロピー小, (b) エントロピー大

る100人 (10人×10列) の生徒のことを考える．この場合，個々の生徒の運動は激しくない．つまり，この"系"は整然としており，その"乱雑さ"の程度は低い．したがって，この"系"の温度は低いであろう．これに対して，(b) は，個々の生徒が激しく運動している場合の様子を模式的に描くもので，この"系"の"乱雑さ"の程度は高い．したがって，この"系"の温度は高いであろう．

つまり，"温度"は"乱雑さ"の程度を表わす物理量でもある．したがって，Q/T で定義される"熱量を温度で割った"エントロピーが"乱雑さ"の程度を表わす状態量であることは理解しやすいのではないだろうか．

ここで，もう一度，図 3.26 を眺め，その説明を読んでから図 3.32 を見て欲しい．図 3.32(a) は，"乱雑さ"の程度が低い (つまり，整然とした) エネルギーの"塊"である．つまり，エントロピーは小さい．それに対し，(b) は"乱雑さ"の程度が大きい，発散した (同じ100人の"生徒"でありながら，(a) と比べて占有面積が拡がっていることに留意して欲しい)"無秩序なエネルギー"である．つまり，エントロピーは増大しているのである．"乱雑さ"あるいは"無秩序さ"の程度が大きくなればなるほどエントロピーは増大するのである．

図 3.32 は，生徒の集団 (系) の例であった．この場合，(b) のように発散した生徒に校長先生が (あるいは恐そうな体育の先生が)「集合！」と号令をかけ

3.4 エントロピー

れば再び (a) のように整列した状態に戻るかも知れない．しかし，発散した熱が再び"整列"し，エネルギーの"塊"になることは決して起こらないのである．熱力学の第2法則，エントロピーの概念は，そのことをいっている．

余談ながら，鎌倉時代初期の禅僧で日本曹洞宗の開祖といわれる道元（1200—53）は著書『正法眼蔵』の中で「薪は灰になったならば，ふたたび薪になることはありえない」「かの薪が灰になってしまったならば，ふたたび薪とならないように，人が死んだならばふたたび生きた人にはならない」（石井恭二訳，河出書房新社）といっている．これも，熱力学の第2法則，エントロピーの概念に通じるものである．

さて，エントロピーをもう少し，物理的に検討してみよう．

物理学の歴史の中には多くの天才が登場するが，その中でも大天才の一人，オーストリアのボルツマン（1844—1906）は，簡略化していえば"乱雑さの程度"を意味する**熱力学的重率**という概念を導入し

$$S = k_B \log W \tag{3.78}$$

図 3.33 ボルツマンの75回目の命日（1981年9月4日）の記念封筒とスタンプ．左側の写真はウィーン郊外の共同墓地にあるボルツマンの墓石．上にS=klogWの式が刻まれている．（資料提供：静岡理工科大学・吉田豊氏）

という式でエントロピーを定義した．これを**ボルツマンの関係式**と呼ぶ．ここで，k_B は 2.1.4 で登場したボルツマン定数で，W は上記の熱力学的重率である．この "W" はドイツ語の "Wahrscheinlichkeit（確率）" の頭文字を取ったものなのであるが，いままで本書で使ってきた "仕事" を表わす "W" と区別がつかないので，英語の "probability（確率）" の頭文字の "P" に相当するギリシア文字の "Π" を使い（"P" は力学の分野で "運動量" を表わす記号に使われることが多いので），式 (3.78) を

$$S = k_B \log \Pi \tag{3.79}$$

と書き改めることにする．

　ところで，オーストリアのウィーン郊外の共同墓地にあるボルツマンの墓石には，この "$S = k \log W$" の式が刻み込まれている（図 3.33）．ボルツマンは熱烈な原子論者であり，原子・分子というミクロな概念を基礎にして統計力学を構築したが，19 世紀末に唱えられたエネルギー論のマッハ（1838—1916）やオストワルト（1853—1932）ら反原子論者と激烈な論争をした．そして，その影響のためか，1906 年 9 月 4 日に自殺したのである．

　さて，墓石にも刻まれたボルツマンの関係式 (3.79) をグラフ化すると，図 3.34 のような対数のグラフになる．繰り返し述べたように，"乱雑さ" が増すとエントロピーが大きくなるのであるが，それは同時に，エネルギーとしての価値が低下することでもある．図 3.32 で視覚的に理解できると思うが，"乱雑さ" の程度が大きくなるということは，貴重なエネルギーの "塊" が発散し，エネルギーの利用価値が低下するということである．ここでもう一度，図 3.25，

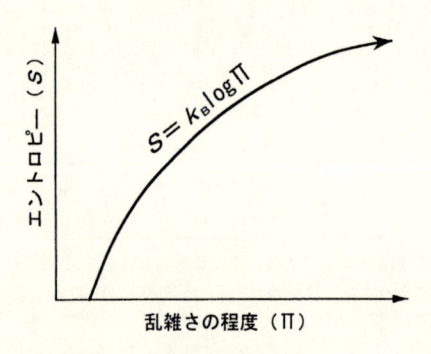

図 3.34　ボルツマンの関係式のグラフ化

3.26 を見ていただきたい．

3.4.6 エントロピーは厄介ものか

いままで，熱力学のカルノー・サイクルと並ぶ"厄介もの"のエントロピーについていろいろと述べてきたのであるが，読者の読後感はいかがであろうか．
恐れていたほどでもなかったのではないだろうか．

いま，こうしてエントロピーのことを書いている私自身は，ここまで書いてきて，学生時代にエントロピーに対して抱いた"悪印象"はかなり払拭されているのであるが，まあ，熱力学の初学者に，エントロピーと簡単に"仲よし"になってもらっては私の立場がない，というものであるが，ここまで読んできた読者に少しでもエントロピーに親しんでもらえたならば，著者として大変嬉しい．

熱力学の第1法則と第2法則を思い出していただきたいのであるが，その内容自身，決して難解なものではなかった．第1法則はエネルギーの保存に関するものであり，第2法則は熱の移動方向の一義性に関するものであった．それらは，本当は"法則"など呼ぶまでもない，日常的な"常識"のようにも思える．当り前のことだから普段意識しないだけである．いわば，エントロピーというのは，これらの二つの法則を包含する概念を持つものである．考えようによっては，"厄介もの"どころか"重宝もの"なのである．

ここで改めて熱力学の第1法則と第2法則を簡単にまとめてみると

> エネルギーは，移動しても，形を変えても，宇宙全体としての総量は保存される．しかし，エネルギーの一種である熱は，自然状態においては，高温の熱源から低温の熱源への一方向のみに移動し，決して元の状態には戻らない．

となる．そして，熱は移動する時にのみ"仕事"をするのである．いくら膨大な熱があったとしても，それが移動しない限り，何の"仕事"もしないのである（「宝の持ち腐れ」というものである）．しかも，その移動の方向が高温から低温への一方向であり，移動した熱は決して元の状態には戻らないというので

あるが，この宇宙に存在する熱が有限であり，その熱が仕事をする限り，いつの日か，この宇宙には仕事をし得る熱がゼロになってしまうはずである．ゼロにならないまでも熱の移動は必然的に高熱源の温度の低下，温度の一様化を伴なうから，図3.25に示したように，熱の利用価値は次第に低下していく．

このような熱エネルギーの変化の方向，変化の程度を数式で表わすのがエントロピーである．先述のように"現実的な"熱の移動は必ず熱の低温化を伴うから，$S=Q/T$で定義されるエントロピーが常に増大することも理解できるであろう．また，熱力学に端を発したエントロピーの概念はすべてのエネルギーや社会現象，文明論，宇宙論にまで適用され得るのである．

われわれの日常生活，地球上の自然界あるいは人間の営みから全宇宙に至るまで，エネルギーの移動がある限り，エントロピーの値は増大し続ける．エントロピーの増大は，"乱雑さ"の増大，つまり"発散"を意味し，"利用価値"の減少を意味する．エネルギーというものは，まとまった状態にあればあるほど，その価値が高いのである．たとえ総量が同じであっても，それが乱雑な，発散したものになっては，その価値を失なうのである．

身近な例として，図3.35に示す石けんのことを思い浮かべればわかりやすいだろう．

手などを洗う時に使う石けんは，それが固形（"洗浄力"というエネルギーの塊）の状態の時には利用価値がある．しかし，それが，例えば大量の水を満たしたプールに放り込まれれば，徐々に溶けて，固形石けんの状態から極めて稀薄な石けん水の溶質に変わってしまう．このことは，"洗浄力"というエネルギーの塊が乱雑化，発散してしまい，その石けんとしての価値を失ったことを意味する．もちろん，石けんの"総量"は，図3.32に示した場合と同様に，固形の状態でも石けん水になった状態でも同じなのである（保存されている）．

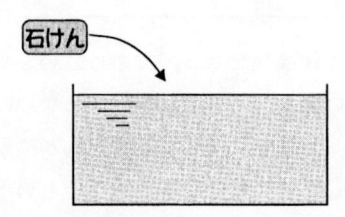

図 3.35 発散によって価値を失う石けん

3.4 エントロピー

3.2.1で，熱力学の第1法則を大胆に簡略化し

> 宇宙の総エネルギーは一定である．

とまとめたのであるが，熱力学の第2法則を同様に大胆に簡潔化すれば

> 宇宙のエントロピーは絶えず増大している．

となるであろう．

文明が「進歩」し，生活が便利に，活発になればなるほど廃棄物が増大し，自然環境の破壊が進むのも，エントロピー増大の一つの現象である．また，人間の造形物も長い年月の間には風雪にさらされて灰塵となる運命にある．これもエントロピー増大の現象の一つである．

エントロピーは，厄介なものではあるが，このように，われわれが身近に考えなければならないものでもある．特に，環境問題を考える際には，エントロピーに関する考察は不可欠であろう．

3.4.7 無秩序から秩序へ

熱力学の法則は，「自然界は常に無秩序，乱雑な状態に向かっている」ことを示している．簡潔にいえば，「自然界は秩序から無秩序へ」である．

読者も，熱力学にはいささか食傷気味かも知れないので，本章を終えるに当たり，以下，そのような熱力学の法則に反するような話をしよう．つまり，「無秩序から秩序へ」の話である．気軽に読んでいただければよい．

■マクスウエルの鬼

マクスウエル（1831—79）といえば，一般に，電磁気学を確立した偉大な物理学者として知られている．ところが，熱力学の分野でも重要な貢献をしているのである．

記憶力のよい読者は，"マクスウエル分布"という言葉を思い出すかも知れない．その通りである．46ページの図2.9に示したマクスウエル分布（マクスウエル-ボルツマン分布）は個々の気体分子の運動の激しさ（速さ）の相対数分布

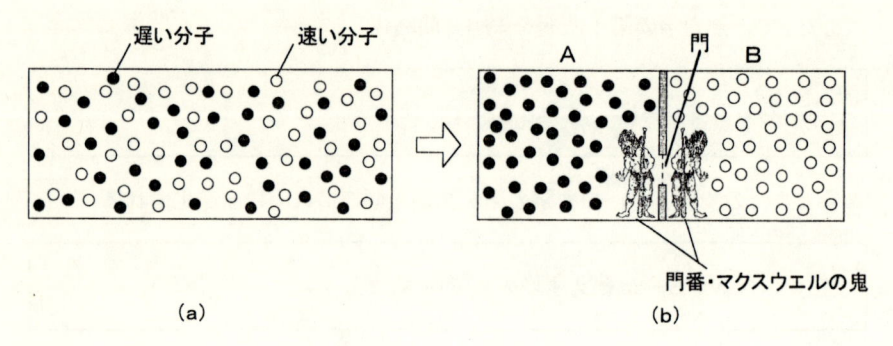

図 3.36 マクスウエルの鬼

を表わしたものであった．実は，2.1.4 で述べた気体の分子運動論の発展に大きな役割を演じた一人がマクスウエルなのである．

このマクスウエルが，図 2.9 に示した気体分子の速さ分布を見て，面白いことを考えた．

例えば，298 K の気体といっても，図 2.9 の分布曲線が示すように，速い分子も遅い分子も混じっているのである．以下，思考実験である．いま，図 3.36(a) に示すように，外界と完全に遮断され 298 K の平衡状態にある箱の中の気体分子を考え，それらを速さが $\bar{v}_{298}$ より速い分子（○）と遅い分子（●）に分ける（速さが $\bar{v}_{298}$ に等しい分子は面倒だから無視する）．次に，この箱の中に隔壁を設け，二つの部分 A，B に分割する．この隔壁には"門"があり，その両側には"番人"がいる．この番人は，"門"に向かって飛んでくる一個一個の気体分子を見張っており，遅い分子（●）と速い分子（○）をそれぞれ A，B に振り分けることができるという"超能力"を持っているのである．この超能力番人が**マクスウエルの鬼**と呼ばれるものである．

ところで，"マクスウエルの鬼"は，一般には（というより，私が知る限り，日本語で書かれた熱力学のすべての本では）"マクスウエルの悪魔"あるいは"マクスウエルの魔物"と呼ばれている．これは，元々，ドイツ語で"Maxwellscher Dämon"，英語で"Maxwell's demon"と呼ばれるもので，"demon (Dämon)"を"悪魔"あるいは"魔物"と訳した結果が"マクスウエルの悪魔"あるいは"マクスウエルの魔物"である．しかし，"demon (Dämon)"には，"悪魔"や"魔物"のほかに"超人的精力家，名人，非凡な人"や「仕事の鬼」という場合

の"鬼"の意味もある．以下を読んでいただければおわかりのように"Maxwell's demon"は"悪魔"どころではなく，ありがたすぎて，現実には存在しないほどありがたいものなのである．したがって，私はマクスウエルの"超人"とでも訳したいのであるが，一般的に使われている"マクスウエルの悪魔"あるいは"マクスウエルの魔物"とあまりかけ離れても読者に迷惑をかけそうなので，ぎりぎりのところで"マクスウエルの鬼"と呼ばせていただきたいのである．この場合の"鬼"は先述のように「仕事の鬼」のような"鬼"であり，決して悪い鬼ではないのである．以上，御理解いただきたい．

さて，本論に戻る．

マクスウエルの鬼によって，遅い分子（●）と速い分子（○）がA, Bに振り分けられた結果が図3.36（b）に描かれている（A, Bにはほぼ同数の気体分子が集められるであろう）．Aは低速の気体分子，Bは高速の気体分子で満たされるので，Bの温度はAの温度よりも高くなることになる．つまり，元々298 Kであった気体が $(298+\alpha)$ K と $(298-\beta)$ K の気体に分離されたことを意味する（α, β はともに正の数）．このことは，図1.8に示す（c）の状態から（b），（a）へ，あるいは図3.2の（b）から（a）へ，さらに図3.14の（b）から（a）へ（あるいは（b）から（c）へ）移行したことに等しい．また，図3.35に示した石けんの例に当てはめれば，プールの石けん水の石けん成分が凝縮して，溶ける前の固形の石けんに戻ったことに等しい．

つまり，298 Kの平衡状態にあった箱の中の気体に温度差が生じ，したがって，図3.17に示すような仕事が可能になる．つまり，箱の中の気体の利用価値が高まり，エントロピーは小さくなったことになる．

また，上記の"振り分け"は，図2.9のマクスウエル分布曲線のほぼ中央で行なったのでA, Bにはほぼ同数の気体分子が集められたのであるが，その"振り分け"の"境界"を極端に低速側あるいは高速側にずらすようマクスウエルの鬼にお願いすれば，A, Bに集められる気体分子の数に大きな差が生じ，その結果，AB間に大きな圧力差が生まれることになる．この圧力差を利用した仕事も可能であろう．

マクスウエルの鬼を含めた箱と外界は完全に遮断されており，両者間にエネルギーと物質の出入りはないのだから，これはすごいことである．マクスウエ

ルの鬼が存在すれば,念願の永久機関(62ページ参照)が実現することになる.マクルウエルの鬼は,無秩序から秩序を生み出してくれるのである.

しかし,そのためには,マクスウエルの鬼に,熱力学の第2法則に逆らえる超能力を持ってもらわなければならないのである.

■**自己組織化**

エントロピー増大の法則は,自然は秩序から無秩序へ不可避的に移行することを示しているのであるが,どう考えても,無秩序状態から秩序状態が形成されるとしか思えない自然界の現象もある.

その典型は**生命体**あるいは**生物**である.

生物の基本構成単位は細胞であるが,それを形成するのは原子,分子である.生物が死ねば,その身体を構成していた細胞が分解し,個々の原子,分子となって自然界に還る.生物はまさに秩序の最高形態であろうから,それが死んで個々の原子,分子に分解していく過程は,まさしく秩序から無秩序への過程であり,エントロピーの増大そのものである.

しかし,生命体が形成されていく過程はまったく逆である.無秩序状態にある原子,分子が"自発的に"高度の秩序状態を形成していくのである.このような現象を**自己組織化**と呼ぶ.自己組織化は,「自然は秩序から無秩序へ不可避的に移行する」というエントロピー増大の法則に反している!

自己組織化が起こるのは生物界ばかりではない.

自然界に産する結晶のことを考えてみよう.例えば,個々の雪の結晶の形は様々であるが,その基本形は,図3.37に示すように六角形である.雪は,水蒸気(H_2O)の昇華によってできるものであるが,無秩序状態の無数の水分子が自然に集まって,図3.37のような美しい,秩序に満ちた形になるのである.

また,宝石の王様であるダイヤモンドは炭素(C)の結晶であるが,天然ダイヤモンドは図3.38に示すように正八面体形状である.多分,誰でも,中学時代の理科の実験でミョウバンの結晶を水溶液から作った(自然に成長させた)経験があると思うが,あのミョウバンの結晶も正八面体形状である.自然界で起こる結晶の成長も自己組織化の例である.

自己組織化は,本当にエントロピー増大の法則に反しているのだろうか.

実は,熱力学の第2法則,エントロピー増大の法則は,外部とのエネルギー

図 3.37 雪の結晶（小林禎作『雪華図説新考』築地書館，1982 より）

や物質のやり取りがない**閉じた系**にのみに適用されるものなのである．また，それは，準静的過程，平衡条件下で適用されるものである．つまり，エントロピー増大の法則は，系を構成する諸要素が互いに影響を及ぼし合わない，相互作用しない，という系に適用されるものなのである．

　生命体も，結晶成長の過程も非平衡系の中にある．「生物圏は全体としてもその個別成分としても，それが生きていようが死んでいようが，平衡から遠く離れた状態」にあり，「生命は自然の秩序から遠く離れて，実際に起こった自己組織化過程の最高の形態」（参考図書 19）なのである．

(a) (b)

図 3.38 天然ダイヤモンド結晶の形態
（写真提供：田中貴金属（株））

非平衡系がエントロピー増大の法則に従う必要はない．

もう一度繰り返すが，エントロピー増大の法則が成り立つのは，外部と物質やエネルギーが出し入れされない閉鎖系においてであって，外部との間で物質やエネルギーが出し入れされる開放系においては，むしろ，秩序は増大し，エントロピーは減少するのである．これが，自己組織化という現象であった．

現在の宇宙論やハッブル宇宙望遠鏡などによる宇宙観測は，銀河や星の"生・老・死"をはっきりと示している．このような宇宙の構成物の"生・老・死"を考えるならば，宇宙のエントロピーは，熱力学の第2法則がいうように，本当に，増大し続けてきたのだろうか，という素朴な疑問に突き当らざるを得ない．ひょっとすると，宇宙は，その歴史の過程でエントロピーを減少してきたのではないか．宇宙は無秩序から秩序へと向かっているのではないか．

それは，結局，宇宙は閉鎖系なのか，開放系なのか，という問題に帰するのであろう．

■チョット休憩●3

ケルヴィン卿（トムソン）

熱力学に限らず物理，化学の分野では温度目盛として絶対温度（熱力学的温度）を使うが，その単位（記号）の"K"は，本文でも説明したが，イギリスのケルヴィン卿（Lord Kelvin：1824—1907）の名前に因むものである．ケルヴィン卿の本名はウィリアム・トムソン（William Thomson）であり，この本名

の方は，トムソンの原理，トムソン効果，ジュール-トムソン効果などで名を遺している．文芸の世界では，異なる筆名で名を遺す人は少なくないが，自然科学の分野では極めて珍らしい．実際，私には，この"ケルヴィン"と"トムソン"しか思い浮かばないのである．

ケルヴィン卿は83歳で亡くなっており，男爵（Lord）の爵位を受けたのは1892年，68歳の時だから，人生の大半はトムソンで過ごしたことになるので，以下，トムソンと記すことにする．

トムソンは，一般に「物理学者」と紹介されているが，本場イギリスの『ケンブリッジ人名辞典』では「数学者，物理学者」となっている．トムソンはグラスゴー大学，ケンブリッジ大学で学んだ後，22歳の若さでグラスゴー大学の教授になるのであるが，その職名は「自然哲学教授」である．トムソンの研究分野はとにかく多方面にわたっている．"K"でケルヴィンの名を後世に遺すことになった絶対温度の概念を導入したのは1848年，24歳の時である．さらに，クラウジウスと独立に熱力学の第2法則を導出したのが1851年，27歳の時である．つまり，トムソンは30歳になる前に，物理学史上に燦然と輝く業績を遺したのであるが，それ以降の多岐にわたる研究業績がまた凄まじい．1851年熱電気のトムソン効果発見，1852年ジュール-トムソン効果発見，1853年から高周波振動電流，1855年から海底電信の研究に着手……というように，トムソンの研究範囲は電流計，電気ばかりなどの機器の考案，開発から航海術，地球物理学の分野にまで及んでいる．

トムソンのような科学者を知るたびに思うことだが，総じて昔の（といっても，ほんの100年ほど前にすぎないのだが）科学者は一人で広範囲の仕事をしている．それに比べ，近年の「学者」の"守備範囲"は非常に狭くなっている．科学も技術も「進歩」すればするほど，より細分化され，その内容も専門的で高度なものになる．そして，必然的に，体系あるいは"自然"の全体を把握するのが困難になるのである．これは，"木"ばかりを見て"森"が見えなくなるという重大な問題につながるのである．

科学，技術が進歩し，人間の物質的生活は便利に，豊かになっているが，ふと気づいてみたら，それは人間の母体たる自然の豊かさ，本来の人間性との引き換えであった，というようなことも無関係ではあるまい．

いつも"木"ばかりでなく，"森"を見ることも忘れてはならないと思う．

■**演習問題**

3.1 図3.1，3.2で示したような"拡散現象"が不可逆過程であることを実例を思い浮かべながら考えよ．

3.2 熱平衡状態を定義せよ．

3.3 理想気体が 2 atm の圧力下で 10 l から 2 l へ圧縮された．この時，この理想気体が外部に対して行なった仕事 W を求めよ．

3.4 理想気体に 40 kJ の熱が加えられた．この時，気体の体積に変化がなかったとすれば，気体の内部エネルギーの増加分はどれだけか．また，圧力が 1 atm のまま，体積が 0.2 m^3 増加したとすれば，内部エネルギーの増加分はどれだけか．

3.5 273 K，1 atm の一定量の空気を断熱下で体積を 1/25 に圧縮した時の温度 T と圧力 P を求めよ．ただし，空気の比熱比 γ を 1.5 とする．

3.6 「覆水盆に返らず」という言葉の意味を述べよ．そして，その意味を熱力学的に説明せよ．

3.7 可逆過程をバネの振動の例で理解せよ．

3.8 可逆過程と不可逆過程の違いを，図 3.16 を用いて説明せよ．

3.9 図 3.19 で 4 サイクル内燃機関（エンジン）の動作を説明したが，2 サイクル・エンジンの動作について調べ，それを熱力学的に考察せよ．また，4 サイクル・エンジンとの優劣を比較せよ．

3.10 ある熱機関は 1000°C と 500°C の間で作動する．この熱機関の可能な最大効率 $\eta_{\max}$ を求めよ．

3.11 熱力学の第 2 法則によれば，熱の移動は高熱源から低熱源への一方向に限られる．しかし，夏の暑い日，明らかに冷房が効いた部屋（低熱源）から室外（高熱源）へ熱が排出（移動）されている（さもなければ，室内が室外より低温になることはない）．このことは熱力学の第 2 法則と矛盾するのではないだろうか．説明せよ．

3.12 冷蔵庫およびエアコンの原理を説明せよ．また，それらの共通点と相違点を説明せよ．

3.13 A 君の部屋にはエアコンがない．夏の暑い日，A 君は冷蔵庫のドアを開け放しにして部屋を涼しくすることを考えた．冷蔵庫で部屋は涼しくなるだろうか．

3.14 クラウジウスの原理とトムソンの原理はともに等価であり，いずれも熱力学の第 2 法則の別表現であることを理解せよ．

3.15 図 3.22 を参照し，カルノー・サイクルの T-V 図を描け．

3.16 ある物体の温度を 27°C に保ちながら，60 J の熱を加えた時，その物体のエントロピーの増加量 ΔS を求めよ．

3.17 0°C，1 kg の氷が 100°C，1 atm の水蒸気になる時のエントロピーの増加量 ΔS を求めよ．ただし，水の融解熱を 80 cal/g，水の比熱を 1 cal/gK，気化熱 539 cal/g とする．答は [J/K] の単位でも求めること．

3.18 全宇宙のエントロピーが増大し続ければ，宇宙はやがていつの日か真暗闇になるはずである．この理由を考えよ．

3.19 文明の「進歩」は，エントロピーの増大を加速している．この理由を考えよ．

3.20 「自己組織化」について例を挙げて説明せよ．また「自己組織化」と「エントロピー増大の法則」との関係を述べよ．

3.21 宇宙全体として，エントロピーは増大しているのだろうか，それとも減少しているのだろうか．星の生成と消滅のことを考え，考察してみよ．

4 自由エネルギーと相平衡

　いままでは，系全体が一様な物質からできている場合の"熱"と"熱力学"を考えてきた．しかし，同じ物質でも，温度や圧力によって，気体になったり，液体になったり，固体になったりする．水（H_2O）が存在する温度によって気体，液体，固体になることは，日常的経験から誰もが知っている．また，固体の銅を1100℃ほどに熱すれば融解して液体の熔融銅になる．これらの現象を「同じ物質ではあるが相が異なる」というのであるが，それらの異なる相の存在条件は**相図**あるいは**状態図**で表わすことができる．このような相図からは，物質の多くの熱力学的情報が得られ，物質を材料として扱う上で大変有力である．

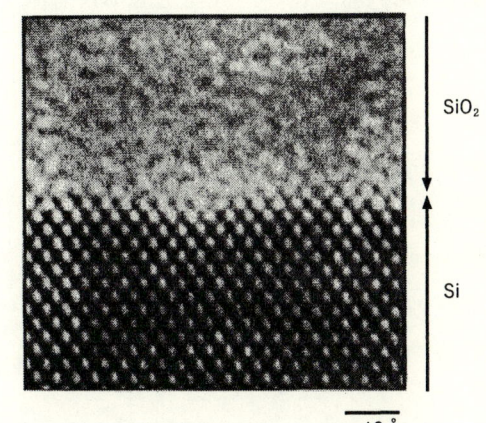

酸化された Si 単結晶表面の SiO_2（本文参照）

　本章では，本書の締めくくりとして，相や相図の基礎について述べる．いままで学んできた熱力学の"応用"と考えることもできる．また，いままで抽象的になりがちであった熱力学を，具体的な物質に当てはめてみることにより，熱力学がさらに親しみ深いものになってくれればと思う．

4.1 自由エネルギー

4.1.1 内部エネルギーとエンタルピー

　内部エネルギーとエンタルピーについては，既にそれぞれ 3.2.1 と 3.2.4 で述べたが，ここで簡単に復習しておきたい（何の勉強でも予習よりも復習が大切である，と私は思っている）．

　ある系の内部エネルギーの増加量 ΔU は図 3.7 および式 (3.8) で示したように

$$\Delta U = \Delta Q + \Delta W \tag{3.8}$$

で与えられ，式 (3.11) の $\Delta W = -P\Delta V$ を代入し

$$\Delta U = \Delta Q - P\Delta V \tag{3.12}$$

と表わされた．これを一般的な微分の形に書き改めると

$$dU = dQ - PdV \tag{4.1}$$

となり，ここに式 (3.71) を変形した $dQ = TdS$ を代入すると

$$dU = TdS - PdV \tag{4.2}$$

が得られる．つまり，内部エネルギーの変化は，系のエントロピーと体積の変化に対応する．

　断熱過程では，$dQ=0$, $dS=0$ なので，式 (4.2) は

$$dU = -PdV \tag{4.3}$$

となり，内部エネルギーの変化量は系になされる仕事量（$-\Delta W$）に等しいことを意味する．また，定積過程では $dV=0$ なので，

$$dU = TdS \ (=dQ) \tag{4.4}$$

となり，内部エネルギーの変化量は系に出入りする熱量に等しいことを意味する．念のために書き添えるが，以上のことは熱力学の第 1 法則（62 ページ参照）

そのものである．

　また，エンタルピーの増加量 ΔH は微分形を使い

$$dH = dU + PdV + VdP \tag{3.52}$$

で定義され，ここに式 (4.2) を代入すれば

$$dH = TdS + VdP \tag{4.5}$$

が得られる．つまり，エンタルピーの変化は，系のエントロピーと圧力の変化に対応する．

　断熱過程では，$dS=0$ なので，式 (4.5) は

$$dH = VdP \tag{4.6}$$

となるが，この変化量 VdP は実験的には観測されにくい量である．定圧過程では $dP=0$ なので，式 (4.5) より

$$dH = TdS \tag{4.7}$$

となる．

　この内部エネルギーやエンタルピーのような物質の熱力学的性質を規定する関数を**熱力学的特性関数**と呼ぶことは 3.2.4 で述べた．

　ここで注目したいのは，上に掲げた

$$dU = TdS \tag{4.4}$$
$$dH = TdS \tag{4.7}$$

という 2 式であり，これらに式 (3.71) を変形した $TdS=dQ$ を代入すればそれぞれ

$$dU = dQ \tag{4.8}$$
$$dH = dQ \tag{4.9}$$

となる．つまり，当然のことながら，Q_0 の熱量を持つある系に外部から ΔQ の熱が与えられれば，その系の内部エネルギー，エンタルピーの増加分は ΔQ で，

その系の総熱量（エネルギー）は $Q_0+\Delta Q$ となる．ここでもう一度，一般的には"わかりにくいもの"とされているエントロピーを思い出していただきたい．エントロピーの増加分 ΔS は

$$\Delta S = \frac{\Delta Q}{T} \tag{3.70}$$

と定義された．

　上で述べた"ある系"が S_0 のエントロピーを持っていたとすれば，その系は ΔQ の熱量を外部から受け取ることによって，ΔS，つまり $\Delta Q/T$ のエントロピーを増加させ，$S_0+\Delta S=S_0+\Delta Q/T$ の総エントロピーを持つようになったのである．

　エントロピーの増加分 ΔS は ΔQ と直接的に関係しているのは事実であるが，単なる ΔQ ではなく，ΔQ を絶対温度 T で割った量 $\Delta Q/T$ であることがミソである．つまり，ΔS は同じ量の熱でも"与える相手"によっては"感謝のされ具合"が異なる，ということを表わしているのである．例えば，1000°Cに熱せられた鉄の塊に 100 cal の熱量を与えても，その鉄の塊にはあまり"感謝"されないのではないか．しかし，その塊の温度が 10°C だったら，同じ 100 cal の熱量でも大いにありがたがられるかも知れない．たとえ，ありがたがられなくても，その鉄の塊に与える影響は少なくないであろう．また，例えば，同じ 1 個の肉まん（私は肉まんが好きなので例に挙げただけで，肉まん自体に深い意味はない）でも，空腹時と満腹時とでは"おいしさ"，"ありがたさ"が大いに異なるものである．同じ 1 万円の金でも，金持ちか貧乏人かによって，その"ありがたさ"は大いに異なるのと同じことである．

　以上の例で，単なる ΔQ と $\Delta S(=\Delta Q/T)$ との違い，エントロピーというものの"奥深さ"がわかっていただけただろうか．エントロピーは，決して厄介ものでも，わかりにくいものでもないと思うのだが．3.4 で詳しく述べたように，エントロピーは，熱エネルギーの"価値"，"ありがたさ"を表現する大変便利なものなのである．

4.1.2　ヘルムホルツの自由エネルギー

　繰り返し述べたように，熱は仕事をする能力を持っている．だから，熱エネ

4.1 自由エネルギー

ルギーと呼ばれるのである．そのエネルギー量は熱量"Q"で表わされたのであるが，上述のように，その"仕事能力"や"利用価値"を表現するには，単なるエネルギー量QよりもエントロピーSを導入した方がよさそうである．

上に再掲した式 (3.8) から，一般的に仕事は

$$W = U - Q \qquad (4.10)$$

で表わされ，ここに式 (3.68) を変形した $Q=TS$ を代入して，

$$W = U - TS \qquad (4.11)$$

を得る．

この式の左辺のWは，実際の"仕事能力"を意味するエネルギーのことであり，このようなエネルギーを新たに**自由エネルギー**と定義することにしよう．右辺のTSは，いわば"仕事"に対して直接的には役立たないエネルギーで，**束縛エネルギー**と呼ばれることがある．式 (4.11) で示される内部エネルギーから束縛エネルギーを差し引いた自由エネルギーを，特に**ヘルムホルツの自由エネルギー**と呼び，それをAで表わし，改めて

$$A = U - TS \qquad (4.12)$$

と定義する．教科書によっては"F"という"自由エネルギー (free energy)"の頭文字をとった記号が使われることもある．

ヘルムホルツの自由エネルギーFの微小変化は，上式および式 (4.2) から

$$\begin{aligned} dA &= dU - TdS - SdT \\ &= (TdS - PdV) - TdS - SdT \\ &= -SdT - PdV \end{aligned} \qquad (4.13)$$

となり，等温過程 ($dT=0$) では

$$dA = -PdV \qquad (4.14)$$

となる．つまり，等温過程で系が外部に対して行なう仕事はAの減少量に等しい，ということを意味する．

3.2.3で述べたように，断熱過程の場合は，dU がすべて仕事に使われるのであるが，温度が低下してしまうのであった．しかし，上に述べた等温過程では，温度を保つために dU の一部が使われるので，実際の仕事に使えるエネルギーは，TdS だけ少なくなってしまうのである．

4.1.3 ギブズの自由エネルギー

ヘルムホルツの自由エネルギーの場合と同様に，式（4.5）から

$$G = H - TS \tag{4.15}$$

で表わされる自由エネルギーが定義できる．これを**ギブズの自由エネルギー**と呼ぶ（"G" はこれを提唱した Gibbs の頭文字である）．

G の微小変化は

$$dG = dH - TdS - SdT \tag{4.16}$$

となり，等温過程では $dT = 0$ なので

$$dG = dH - TdS \tag{4.17}$$

である．

先ほど，"TS" を "役立たないエネルギー" と呼んだのであるが，実は，これはいい過ぎである．温度を一定に保つために必要なエネルギーであった．その意味では "使用済みのエネルギー" と呼ぶべきである．つまり，F あるいは G で表わされる自由エネルギーは，"今後，自由に使えるエネルギー" の意味なのである．たとえていえば，全収入から必要経費，生活費などを差し引いた残りの自由に使える "お小遣" あるいは "蓄え" のようなお金かも知れない．

自由エネルギーは "ゆとり" のようなものである．人生において，何か新しいことをはじめたり，いままでにないものを創造したりするためには，もっと一般的に，人生を楽しむためには，経済的，時間的な "ゆとり" が必要である，と私は思う．自然界における変化，化学反応なども，すべて，このような "ゆとり" から生じるのではないだろうか．われわれ人間にとっても，自然界にとっても，自由エネルギーは非常に大切なものである．

4.1.4 状態変化と溶解

　自然界の変化はすべてエネルギーの高い状態から低い状態の方向に起こる．人間界においても，自然な変化は同様である．このような哲理の中で，熱を対象にしたのが熱力学の諸法則である．熱力学的にいえば，すべての変化は自由エネルギーの大きい状態から小さい状態へと進むのである．人間界の"変化"や"自由エネルギー"は哲学的でもあり複雑であるのでここでは触れない．この問題についての私の考えに興味のある読者は，拙著『文明と人間』（丸善ブックス）を読んでいただければ幸いである．

　いままで，本書では，系全体が一様な物質で形成されている場合について述べてきた．しかし，われわれの周囲の自然や社会をわれわれ人間のスケール（マクロ・スケール）で見れば"一様な物質で形成されている場合"はほとんど皆無であることに気づくだろう．絶無といってもよいくらいである．構成する成分を考えてみても，単一成分から成る物体はほとんど皆無であり，ほとんどの物体は多成分から成っている．また，同じ物質でも，条件（温度，圧力）によっては，気体になったり，液体になったり，あるいは固体になったりする．これらは"状態の変化"を意味している．

　古代ギリシアの哲学者ヘラクレイトス（前535頃—前475頃）がいったように「万物は流転する」のであり，鎌倉時代の鴨長明（1155—1216）によって書かれた『方丈記』の冒頭にあるように「行く川の流れは絶えずして，しかも元の水にあらず」なのである．仏教では，これを簡潔に「無常（一切のものは生滅・変化し，常住ではない）」という．

　さて，以下に，自由エネルギーの視点から，状態の変化について考える．便宜的にギブスの自由エネルギーを用いることにする．

　まず，図4.1に示すように，状態Ⅰから状態Ⅱへの変化について考える．この場合の"状態"とは，日常的な状態も含め，一般的に考えていただければよい．

　状態Ⅰおよび状態Ⅱのギブスの自由エネルギーをそれぞれ$G_Ⅰ$，$G_Ⅱ$，そして，$\Delta G = G_Ⅱ - G_Ⅰ$とする．

　いま，状態Ⅰから状態Ⅱへの変化，と書いたのであるが，実は，変化の方向は，次のようにΔGの値に依存する．

図 4.1 状態の変化

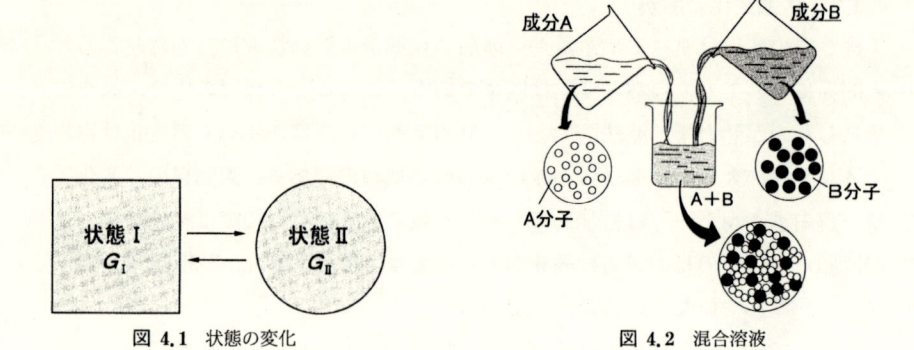

図 4.2 混合溶液

$\Delta G < 0$ ： 状態 I → 状態 II
$\Delta G > 0$ ： 状態 I ← 状態 II
$\Delta G = 0$ ： 状態 I ⇄ 状態 II (平衡状態)

次に，成分Aと成分Bが溶解し，溶解物を作る場合について考えてみよう．一般的なわかりやすい例として，図4.2に示すような液体の混合を考える．

液体の均一な溶解物である**溶液**は，われわれが日常的に見慣れているものである．例えば，"ウィスキーの水割"は水とウィスキーの混合物（混合比は個人的な好み，あるいは営業上の理由で決まる）の溶液である．いま，図4.2に示すように，分子のレベルで成分Aと成分Bとの混合を考える．溶液を形成する物質のうち，母体を**溶媒**，溶解するものを**溶質**と呼ぶ．例えば，水に塩を溶かすような場合は，溶媒と溶質の区別は明確であるが，液体同士の混合の場合，それらの区別は明確でない．一般的には多量に存在する（溶解させる）方を溶媒とみなす．上に挙げた"ウィスキーの水割"の場合，一般的には，水が溶媒でウィスキーが溶質であろう（逆の場合は"水のウィスキー割"と呼ぶべきである）．

このような"溶解"は固体同士の場合にも生じ，図4.3に示すように，原子やイオンや分子が他の成分の構造の中に入り込むことができる．このような固体を**固溶体**と呼ぶ．合金は典型的な固溶体である．なお，固体の構造については，本シリーズ『したしむ固体構造論』などの参考書を参照していただきたい．

さて，成分Aと成分Bとが混合して図4.2のような溶液や図4.3のような固溶体を形成するかどうかは，上述の自由エネルギーに基づいているのである．

4.1 自由エネルギー

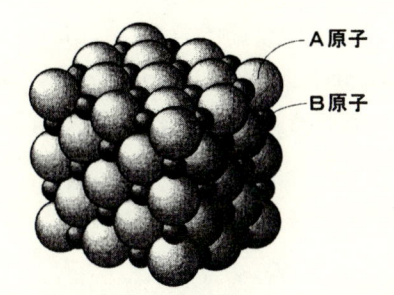

図 4.3 固溶体

成分 A, B, そして混合物（溶液，固溶体）〈A+B〉のギブズの自由エネルギーをそれぞれ G_A, G_B, G_{A+B} とすれば，成分AとBとが溶け合うかどうかは，(G_A+G_B) と G_{A+B} の大小関係，つまり，次のように $\Delta G=G_{A+B}-(G_A+G_B)$ の値に依存するのである．考え方としては，図4.1に示した状態Iから状態IIへの変化の場合と同じである．成分A+成分Bの状態をIとすれば混合物〈A+B〉の状態がIIである．

$\Delta G<0$: 溶け合う
$\Delta G>0$: 溶け合わない
$\Delta G=0$: 溶け合う（平衡状態）

ここで，"ΔG の値"の"中味"について考えてみよう．
式（4.15）より

$$\Delta G = \Delta H - \Delta(TS) \tag{4.18}$$

を得る．

一般的な等温過程においては，式（4.17）にも示されるように

$$\Delta G = \Delta H - T\Delta S \tag{4.19}$$

である．

ここでもう一度，図4.2を見ていただきたい．

成分AはA分子の集合で形成されているのであるが，これらのA分子の近接分子間力を E_{AA} とする．同様に成分Bを形成するB分子の近接分子間力を E_{BB} としよう．溶解後は同種分子の A-A, B-B のほかに，A-B, B-A の近接が生じることになるが，A-B, B-A の近接分子間力をまとめて $E_{AB}(=E_{BA})$ とする．

分子間力というのは，分子同士が引き付け合う力のことだから，この時，もし，$E_{AA} < E_{AB}$，$E_{BB} < E_{AB}$ であれば，A分子，B分子はなるべくA，Bが隣に来るように混じり合おうとするのが自然である．つまり，成分A，Bの個々のエンタルピーをそれぞれ H_A，H_B とし，3.2.4で述べた生成エンタルピーのことを考えると，

$$H_A + H_B > H_{AB} \tag{4.20}$$

となる．ただし，H_{AB} は生成物（混合物）〈A+B〉のエンタルピーである．このことは，$\Delta H = H_{AB} - (H_A + H_B) < 0$ を意味する．したがって，式(4.19)から明らかなように（$T\Delta S \geq 0$ だから），$\Delta G < 0$ になり，成分Aと成分Bとは溶け合うことになる．

一方，$E_{AA} > E_{AB}$，$E_{BB} > E_{AB}$ の場合は，A，Bの両成分の分子は混り合わずに，互いに異種分子を排除して，同種同士が近接することになるので両成分は溶け合わない．

また，上に述べた考察から，$E_{AA} = E_{BB}$（$= E_{AB}$）の場合は，$\Delta H = 0$ であることは明らかであろう．このような条件を満たす溶液を**理想溶液**と呼ぶのであるが，この場合に考慮すべき ΔG は，式（4.19）より

$$\Delta G = -T\Delta S \tag{4.21}$$

である．

エントロピー S は"乱雑さ"の程度を表わすものであった．図4.2を見れば，混合後の分子の配列，分子の存在状態の"乱雑さ"が増していることは視覚的に簡単に理解できるであろう．つまり，$\Delta S > 0$ である．このことを数式で理解するためには，ボルツマンの関係式

$$S = k_B \log \Pi \tag{3.79}$$

を思い出せばよい．

この"Π"は"乱雑さの程度"を意味する熱力学的重率というものであったが，図4.2に示す"混合"の場合について具体的にいえば，A分子，B分子が占める"等価でない位置（状態）"の数のことである．独立する成分A，成分Bにお

いて，A分子，B分子はそれぞれ"等価な"分子であり，それらは"等価な"位置を占めているわけだから，その場合は"Π=1"と考えてよいだろう．ところが，それらが混合すれば，A分子，B分子が占める"等価でない位置の数"は膨大なものになる．つまり，

$$\Delta S = k_B \log(\Delta\Pi) \gg 0 \tag{4.22}$$

となり，結果的に $\Delta G < 0$ となるのである．

いま述べたような現象は，何も目新しいことではない．水が高い所から低い所へ流れるように，自然界や日常生活の至る所で観察，経験できることである．個々の系についていえば，G が最低の値 G_{min} を取る時が最も安定な状態である．すべての変化は"安定"を求めて，G が大きい状態から小さい状態に向かって進み，そのつど G を小さくしていく．このことは，一般的には式(4.12)や(4.15)を見れば明らかなように，とりもなおさず，エントロピー S が増大する方向でもある．

自由エネルギー，あるいは"ゆとり"による状態変化や"楽しみ"の代償がエントロピーの増大ということなのである．

4.2 相平衡と相転移

4.2.1 相

同じ物質でも，それが存在する条件によって，図2.1に示したように，気体，液体，固体の状態をとる．これを**物質の3態**と呼んだ．このような，系がとるそれぞれの状態のことを相と呼ぶ．つまり，物質は，気相，液相，固相の3相の状態（3態）をとり得るのである．この場合の物質は一つの成分から成る純物質でも，複数の成分から成る混合物でも構わない．

話が飛躍するようであるが，"秋の味覚"の一つに栗羊かんという和菓子がある．これは図4.4に示すように，練ったあん（あんこ）の中に栗の実を入れて固めたものである．この羊かんを一つの"系"として考えると，これは固体であるので全体としては"固相"である（"水羊かん"というものもあるが，これも"液体"ではなく，"固体"である）．しかし，栗羊かんは，あんという相（母

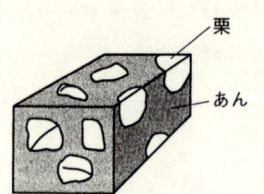

図 4.4 栗羊かん

相）と栗という相の2相から成る物質である．また，あんは普通，小豆などを煮てつぶし，砂糖を加えて練り上げたものなので，"成分"としては2成分から成るが，これは"相"としては1相と数えるのである．

つまり，"相"とは，物質の内部構造において，組成，構造，あるいはその両方が異なっており，それぞれが明確な境界を持ち，それぞれの内部では均一な状態にある時，それぞれの領域のことである．したがって，図4.2，4.3に示した混合溶液，固溶体は，A，Bという2成分から成るが，相としては単一相構造である．

また，固体は，それを構成する原子（分子）の3次元的配列の仕方によって，図4.5のように単結晶，多結晶，非結晶（アモルファス）に分類できる．これらのうち，多結晶は図4.6に示すように多数の単結晶粒から成り，そこには**粒界**と呼ばれる明確な境界が存在する．しかし，それらの単結晶粒は組成も構造も同じであり，互いに結晶方位が異なるだけである．したがって，このような多結晶固体は単一相の構造である．

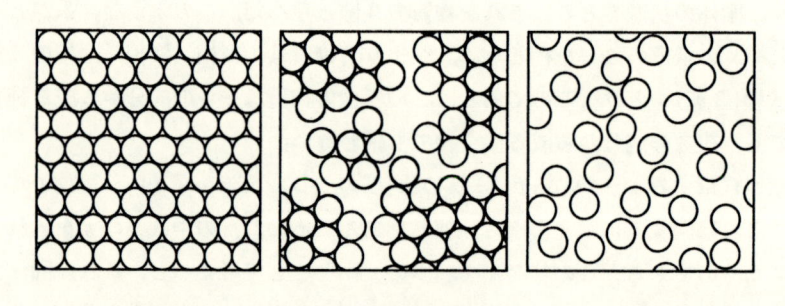

単結晶　　　　多結晶　　　　非結晶

図 4.5 固体の分類

図 4.6　多結晶の構造

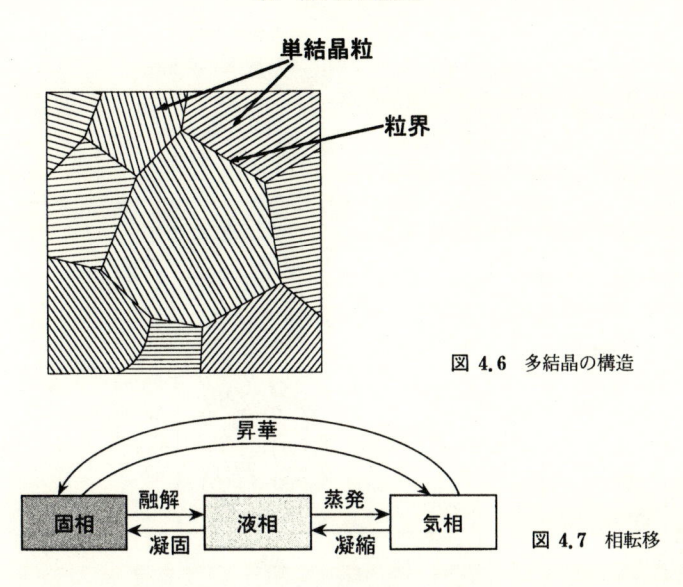

図 4.7　相転移

各相が安定して存在し，化学的・構造的変化を起こさないような状態を**平衡**と呼ぶ．

4.2.2　相転移

物質の相が変化する時，その変化を**相転移**，**相変態**，あるいは**相変化**などと呼ぶ．本書では相転移と呼ぶことにする．

相転移の"型"にはいくつかあるが，最も基本的なものは，図 4.7 に示すように，固相⇄液相⇄気相という相転移である．各相間の相転移にはそれぞれ図に示すような呼称がつけられている．固相（固体）の温度を上げていくと**融解**して液相（液体）になり，さらに上げれば**蒸発**して気相（気体）になる．気相の温度を下げれば**凝縮**して液相になり，さらに下げれば**凝固**して固相になる．また冷却剤などとして使われるドライアイス（固体の CO_2）は，液体の状態を経ないで直接気体になるが，このような相転移を**昇華**と呼ぶ．逆に，雪の結晶のように，気体から固体へと直接成長するものもあるが，このような相転移も昇華と呼ぶ．

物質によっては，同じ組成でも異なった構造の結晶になることがある．このような現象，あるいはその現象を示す物質を**多形**という．単体の多形は特に**同**

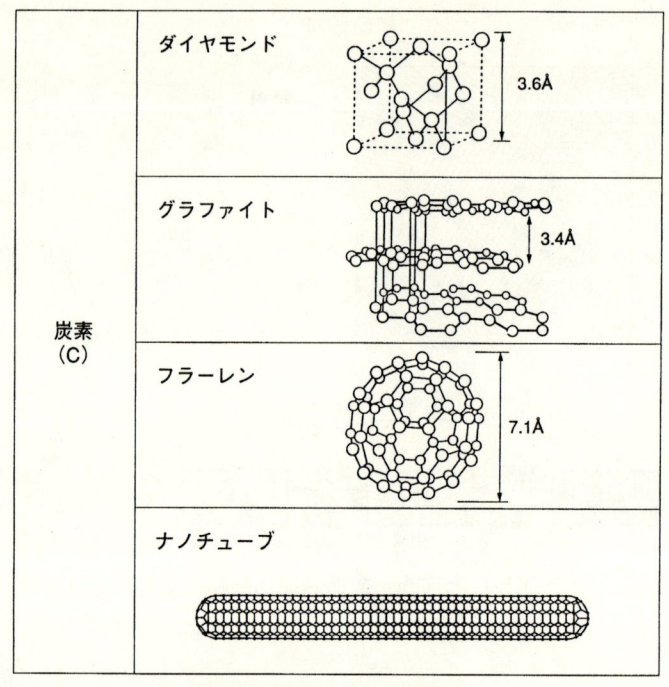

炭素 (C)	ダイヤモンド	3.6Å
	グラファイト	3.4Å
	フラーレン	7.1Å
	ナノチューブ	

図 4.8 炭素の多形（同素体）

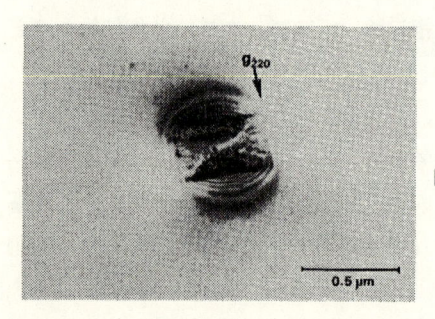

図 4.9 シリコン(Si)単結晶中の SiO_2 析出物の電子顕微鏡写真
(F. Shimura, "Semiconductor Silicon Crystal technology", Academic Press, 1988 より)

素体と呼ばれる．例えば，3.2.5 で述べたグラファイトとダイヤモンドは同じ炭素（C）から成るが，結晶構造が異なる多形である．炭素の結晶には，このほかにも図 4.8 に示すような多形（同素体）が存在する．図 4.9 は，高温（1000〜1250°C）で熱処理されたシリコン（Si）単結晶中に観察された結晶質 SiO_2 の透過電子顕微鏡写真である．マイクロエレクトロニクスの基盤材料とし

て用いられるシリコン単結晶中には〜10^{18}原子/cm³ほどの酸素（O）が不純物として含まれており，それが熱処理される温度によって結晶質あるいは非晶質のSiO_2として析出するのである．なお，本章扉の写真は，高温で酸化されたシリコン単結晶表面に生成されたSiO_2を含む断面の高分解能透過電子顕微鏡写真である．表面のSiO_2は非晶質，内部の Si は結晶質であるが，それぞれの格子の無秩序性と秩序性も観察できる．また，後述するように（図4.14参照），鉄（Fe）は，その構造の違いによって，α-Fe，γ-Fe，δ-Fe の多形を持つ．例えば，グラファイト→ダイヤモンド，α-Fe → γ-Fe のような多形間の変態も相転移の一種であり，このような相転移を特に**多形転移**と呼ぶ．

いずれの場合も，相転移は温度，圧力などが特定の条件の時に起こるのであるが，その条件を満たす"点"（状態）を**転移点**と呼ぶ．図4.7に示す融解が起こる**融点**や凝固が起こる**凝固点**は転移点の具体例である．

物質の3態（相）は図2.1, 4.7に示したように，気体（気相），液体（液相），固体（固相）である．このような物質の3態は，結果的には，分子間力（近接分子間力と遠距離分子間力）と分子運動の関係で決まるのである．分子の運動エネルギーは，式（2.30）で示したように，温度の上昇とともに増大する．温度が上昇すると，その物質を形成している分子の運動は激しくなるのである．固体において，分子の運動エネルギーが遠距離分子間力より大きくなると，分子は"遠距離分子間結合"を切断して移動できるようになる．この現象が融解で，固相→液相の相転移である．この時に要するエネルギーの総和が**融解エンタルピー** H_m に対応する（添え字の"m"は**融解** melting の頭文字）．

液相では，もはや遠距離分子間力は存在しないが，近接分子間力はまだ残っているので，個々の分子が単独に存在することはない．隣接する"相手"は常に一定ではないにせよ，必ず隣接分子が存在する．このことが，「水は方円の器に従う」というような液体の特徴を生み出しているのである．

温度がさらに上昇して，全分子が近接分子間力以上の運動エネルギーを得ると，分子は"自由の身"になり，空間に拡がることができるようになる．この現象が蒸発で，液相→気相の相転移である．この時に要するエネルギーが**蒸発エンタルピー** H_v に対応する（添え字の"v"は**蒸発** vaporization の頭文字）．

遠距離分子間結合と近接分子間結合を同時に切断すれば，固相→気相の相転

移,つまり昇華が起こる.この場合にも,H_m, H_v と同様に**昇華エンタルピー** H_s を定義できる(添え字の "s" は**昇華** sublimation の頭文字).

自然界には(人間社会にも?)様々な相転移があるが,それは転移に伴なって生じるいろいろな量の "不連続" の度合によって分類されている.

一般の相転移には,図 4.7 に示すように,融解熱や蒸発熱など(これらは**潜熱**と総称される)があり,相転移点においてはエンタルピー H,内部エネルギー U,エントロピー S,または体積 V が不連続に変化する.しかし,相転移の中には,潜熱を伴なわないものもあり,この場合には上記の各要素の変化が連続的になる(ただし,比熱の変化は不連続になる).前者の潜熱を伴なう相転移を **1 次相転移**,後者の潜熱を伴なわない相転移を **2 次相転移**と呼ぶ.2 次相転移の例としては,液体ヘリウムの**超流動**への相転移,また金属やセラミックス材料の**超伝導**への相転移,磁性体の**磁気転移**などがある.

4.2.3 相平衡

いうまでもないことだが,相転移は状態変化である.したがって,図 4.1 に示した概念がそのまま相転移の場合にも当てはまる.相転移の推進力は,その系における各相の自由エネルギーの差 ΔG である.

いま,図 4.10 に示すように,(a) 固相と液相,(b) 液相と気相が共存するような系を考える.前者は 0°C における氷(固相)と水(液相),後者は 100°C における水(液相)と蒸気(気相)が共存するような場合を考えればよい.(a) において,固相と液相が平衡状態で存在するための条件は,それぞれのギブズの自由エネルギーを G_S, G_L とすれば,$G_S = G_L$ である.同様に,(b) において液相と気相が平衡状態で存在するための条件は,気相の自由エネルギーを G_G

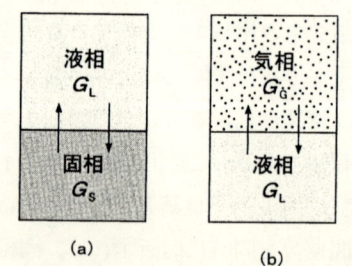

図 4.10 相平衡

4.2 相平衡と相転移

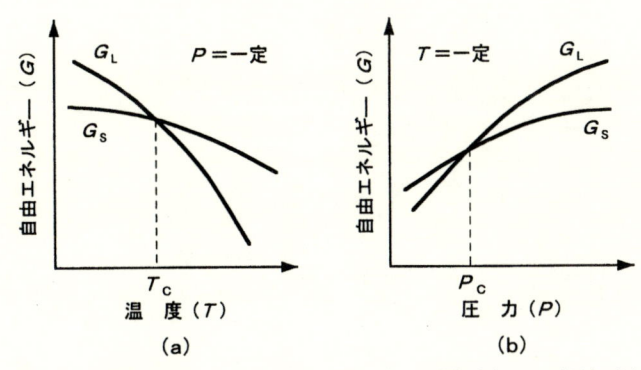

図 4.11 固相,液相のギブズの自由エネルギーの温度 (a) および圧力 (b) 依存性

とすれば,$G_L = G_G$ である.なお,添え字の"S","L","G"はそれぞれ固相 solid,液相 liquid,気相 gas の頭文字である.

以下,固相—液相の相平衡について考えてみよう(液相—気相の場合も基本的には同じである).

固相,液相のギブズの自由エネルギー G_S,G_L が温度 T,圧力 P の関数として

$$G_S = G_S(T, P) \tag{4.23}$$

$$G_L = G_L(T, P) \tag{4.24}$$

で与えられ,いずれも,それぞれの最小値を表わすものとする.したがって,固相と液相が共存する系においては,より小さな値を持つ相の方へ,他相が転移することになる.

図 4.11(a) に G_S,G_L の温度依存性を,また (b) に圧力依存性を模式的に描く(それぞれの曲線の傾きなどに深い意味はない).当然のことながら,一般に $G_S \neq G_L$ であるが,(a) に示すように,圧力が一定の場合,ある特定の温度 T_c で $G_S = G_L$ となる.つまり,この T_c においては固相と液相が平衡状態で共存する.しかし,$T < T_c$ では液相→固相,$T > T_c$ では固相→液相の相転移が起こることになる.なお,"T_c"の"c"は"臨界の"を意味する英語"critical"の頭文字である.

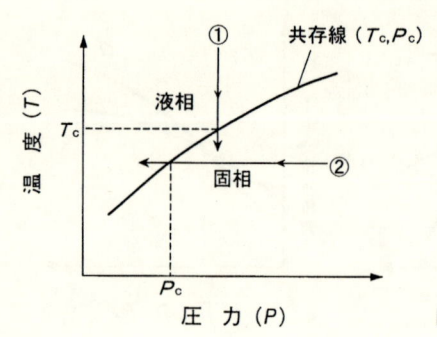

図 4.12 固相—液相共存線

また，(b)に示すように，温度が一定の場合も，ある特定の圧力 P_c で $G_S = G_L$ となり，この P_c においては固相と液相とが相平衡を保つ．そして，$P < P_c$ では固相→液相，$P > P_c$ では液相→固相の相転移が起こるのである．

つまり，相転移は (T_c, P_c) で起こり，このような特異点を**相転移点**と呼ぶ．T_c については特に**転移温度**と呼ぶことも多い．T-P 図において，相転移点を結べば図 4.12 に示すような固相—液相の共存線が得られる．このような T-P 図を**平衡状態図**あるいは**相図**と呼ぶ．具体例については 4.2.5 で述べるが，平衡状態図は，多くの情報を与えてくれるので，特に材料を考える場合に大変便利なものである．例えば，図 4.12 において，①のように，ある一定の圧力下で温度を下げていくと，温度 T_c で液相→固相の相転移が起こり，また②のように，ある一定の温度下で圧力を下げていくと，圧力 P_c で固相→液相の相転移が起こることを示している．

なお，図 4.7 において，固相，液相，気相のエントロピーをそれぞれ S_S, S_L, S_G とすれば，それぞれの相転移におけるエントロピー変化は

$$\text{融解} : \Delta S_{SL} = S_L - S_S \tag{4.25}$$

$$\text{蒸発} : \Delta S_{LG} = S_G - S_L \tag{4.26}$$

$$\text{凝縮} : \Delta S_{GL} = S_L - S_G \tag{4.27}$$

$$\text{凝固} : \Delta S_{LS} = S_S - S_L \tag{4.28}$$

となり，式 (4.21) より，それぞれに T_c をかけたものが，上から順に，**融解熱，蒸発熱，凝縮熱，凝固熱**（これらが**潜熱**と総称されることは既に述べた）である．なお，融解熱と凝固熱，また蒸発熱と凝縮熱は互いに絶対値が等しく，符

号は逆になる（**吸熱**あるいは**発熱**）．

さて，ここで，熱力学の最後の法則，つまり**熱力学の第3法則**について簡単に述べておきたい．

熱に関わる諸々の現象を考える上で最も重要な要素は，いうまでもなく温度（熱力学的温度）T である．分子運動論の項（2.1.4）で述べたように，物質の温度とは「その物質を構成する分子・原子の運動の激しさ」の程度を表わす物理量であり，その"運動の激しさ"，つまり運動エネルギー E_K の大きさは，式（2.30）から

$$E_K = AT \tag{4.29}$$

で与えられる（A は定数）．つまり，絶対0度（0 K）においては $E_K=0$ になり，物質を構成する分子・原子は"静止"する．換言すれば，物質を構成する分子・原子が"静止"する温度が絶対0度である（2.1.2参照）．

また，式（3.66）から明らかなように，$T=0$ [K] においては $Q=0$ であり，式（3.69）によるエントロピー S の定義から $Q=0$ であれば $S=0$ である．つまり，

> 完全な物質のエントロピーは絶対0度で0になる．

のである．これが**熱力学の第3法則**である．これは，提唱者ネルンスト（1864—1941）の名から**ネルンストの熱定理**と呼ばれることもある．

ここで，あえて"完全な物質"と限定したのは，不完性（分子・原子の結合性の欠陥，不純物）を持つ物質に対しては，厳密には式（4.29）を適用できず，$T=0$ [K] においても $E_K \neq 0$ だからである．つまり，絶対0度においても $S=0$ にならない．このことは，S が"乱れ"つまり"不完全性"を表わす尺度になる，ということでもある．"完全な物質"とは，具体的にいえば"完全結晶"のことでもある．理想気体が実在しないように，完全結晶も実在しないから，上述の熱力学の第3法則を「われわれは，絶対0度に達することはできない」といい換えてもよい．

4.2.4 相 律

いま1成分から成る系において,いくつかの相が平衡状態で共存する"相平衡"について述べたのであるが,一般的にn個の成分から成る系において平衡状態で共存できる相の数αには,

$$n-\alpha+2\geq 0 \tag{4.30}$$

というルール(律)がある.これは,**ギブズの相律**と呼ばれるものである.ここで"2"は温度と圧力の二つの状態変数を意味している.式(4.30)の左辺をfと置き

$$f=n-\alpha+2 \tag{4.31}$$

を**自由度**と呼ぶ.これは,平衡の条件を満たしながら自由に選ぶことのできる変数の数である.

ギブズの相律は,文字で読んでも理解しにくいと思われるので,以下に具体例で説明しよう.

例えば,図4.10(a)に示すように,1成分系において固相と液相(2相)が平衡状態で存在する場合を考える.ちょうど融点にある金属,あるいは,0℃において氷と水が共存しているような状況を思い浮かべればよい.この場合,式(4.31)において$\alpha=2$,$n=1$なので$f=1-2+2=1$となる.つまり,自由度は"1"であり,これは,この系において圧力を変化させ得る自由を意味している(温度は融点に固定されている).

一般的に,1atm下での相平衡を考えれば,自由度が一つ減って(圧力が固定されたことになるので),式(4.31)は

$$f=n-\alpha+1 \tag{4.32}$$

となる.凝縮された固体系においては,圧力の影響は小さいので,通常は式(4.32)の相律を考えればよい.例えば,1種類の不純物を含む金属の場合の固相と液相の共存($\alpha=2$)を考えると,2成分なので$n=2$で,式(4.32)より$f=2-2+1=1$となる.つまり,一定圧力下で広い温度範囲にわたって,固相と液相が平衡状態で共存できることがわかる.

4.2.5 平衡状態図

相律は，ある圧力，温度下で平衡状態で共存する相や成分の数を与えるものであるが，実際に材料を取り扱う場合，どのような微小構造，あるいは，組成，相の物質が存在するか，を知ることは極めて重要である．それを視覚的に表わす便利な"道具"が前述の**平衡状態図**である．平衡状態図は単に**相図**と呼ばれることも多いが，これは"平衡状態にある相"の図，という意味である．このことを確認した上で，以下，本書では簡略さの点から相図という言葉を使うことにする．

もう一度繰り返せば，相図は，ある物質系で，どのような相が平衡状態で存在するかを示す"図"で，存在する相の数，それらの組成，各成分の相対量を温度，圧力，物質全体の組成の関数として与えるものである．

材料の基礎研究や工業的利用のために，相図を理解することは極めて重要である．以下，基本的な1成分系，2成分系相図について説明する．近年，化合物半導体や高温超伝導材料などの分野において，3成分系，4成分系など多成分系の相図を理解する重要性も増しているが，紙幅の都合上，本書では割愛せざるを得ない．これらについては巻末に掲げた参考図書15，16，18などを参照して欲しい．

■1成分系相図

1成分系の物質においては，温度と圧力が存在する相を決定する．したがって，1成分系相図における座標軸は温度と圧力である．代表的な1成分系相図の例として水（H_2O）の相図を図4.13に示す．

温度，圧力に応じて気相，液相，固相の3相が存在するが，それぞれの境界線には，低温相から高温相に転移する場合に**融解曲線，蒸発曲線，昇華曲線**の名前がつけられている．高温相から低温相へ転移する場合には，それぞれ**凝固曲線，凝縮曲線，昇華曲線**となる（図4.7参照）．

いま，図4.13で，1 atmの場合に着目すれば，われわれが日常的に経験するように，100°C（373.15 K）で気相⇌液相，0°C（273.15 K）で液相⇌固相の相転移が起こることがわかる．また，富士山頂のように気圧が低い所では，水の沸点が低下する（つまり，100°C以下で水が沸騰する）ことや圧力が大きくなれば水の凝固点が低下することもわかる．

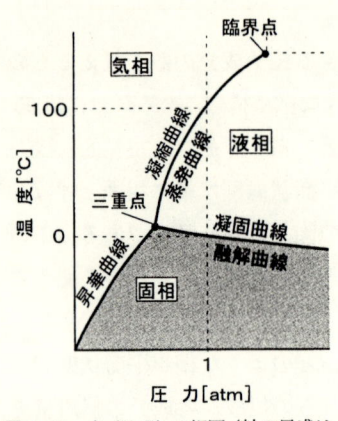

図 4.13 水 (H_2O) の相図（軸の目盛は任意）

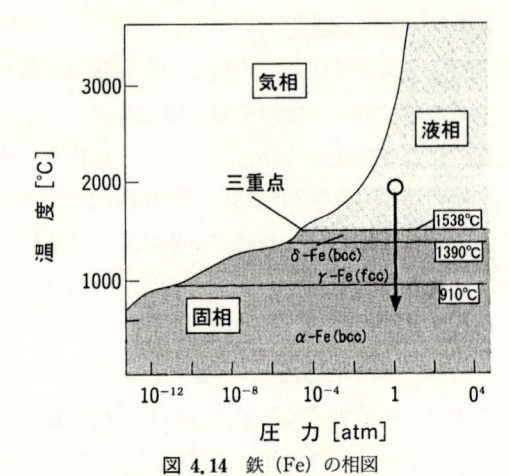

図 4.14 鉄 (Fe) の相図
(W.G. Moffatt, et al. "The Structure and Properties of Materials, Vol 1", John Wiley & Sons, 1964 より)

　固相と液相と気相が共存する点は**三重点**と呼ばれる．この場合，$n=1$，$\alpha=3$ を式(4.31)に代入すると，$f=1-3+2=0$，つまり自由度が0となる．つまり，三重点は唯一の点であり，一義的に定まる物質固有の物理定数である．水(H_2O)の三重点の温度は $0.01°C$ ($273.16\,K$)，圧力は $6.025\times10^{-3}\,atm$ ($610.48\,Pa$) である．

　また，ある特定の温度，ある特定の圧力以上になると気相と液相との区別ができなくなる．このような点を**臨界点**と呼ぶ．圧力がいくら高くても融点は必ず存在すると考えられているので，固相と液相との間には臨界点はない（しかし，厳密な証明は未だなされていない）．

　図 4.14 は，最も重要な材料の一つであり，4.2.2 で述べた多形転移の好例を示す鉄 (Fe) の相図である．圧力－温度に応じた鉄の気相，液相（熔融鉄），固相が描かれている．これら3相のうち2相間の平衡を考えてみよう．$n=1$，$\alpha=2$ だから，式(4.31)より $f=1-2+2=1$ である．つまり，平衡にある相の数(2)を変えずに，温度や圧力のどちらか一方を任意に選ぶことができるが，自由度 f は1であるから，一方を選べば他方は一義的に決まってしまう．したがって，2相平衡の領域は，図 4.14 に示されるように，圧力－温度図上では線で表わさ

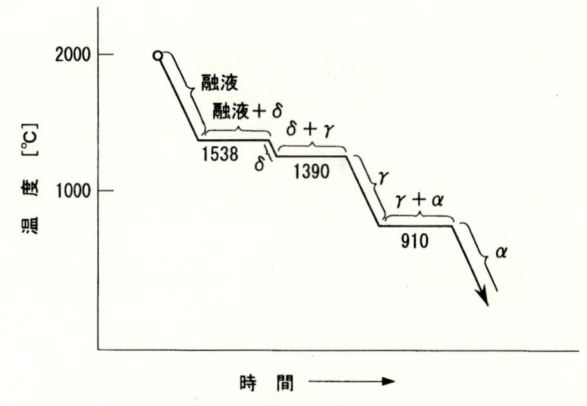

図 4.15　1 atm 下の鉄（Fe）の平衡冷却図

れることになる．なお，液相－固相の境界線は図に示す鉄の場合だけではなく多くの物質においてほぼ水平である．このことは，融点が圧力によってほとんど変化しないことを意味している．また，上述のように $f=0$ である三重点は一義的に決まる．

鉄（Fe）の固相には高温側より，結晶構造が異なる δ-Fe，γ-Fe，そして α-Fe の 3 相が存在する．図 4.14 の中で矢印で示すように，鉄の融液（液相）を 1 atm 下で，2000℃から平衡が保たれるように徐冷したとすれば，まず 1538℃で液相→固相（δ-Fe）の相転移が起こる．続いて 1390℃で同じ固相ながら δ-Fe → γ-Fe，910℃で γ-Fe → α-Fe の相転移（多形転移）が起こる．それぞれの転移温度では，図の境界線の上下にある 2 相が共存する．図 4.15 は，この時の平衡冷却図である．各相転移が完全に終了するまでは温度が変化しないこと，つまり，これらの相転移が等温過程で起こることが示されている．

■2 成分系相図

材料工学において重要なのは，2 成分系相図と 3 成分系相図であり，固有の系について膨大な量の相図が作られている．以下，最も基本的な 2 成分系相図について説明する．2 成分系相図は，一般に，1 atm 下における温度－組成図として描かれる．

成分 A と成分 B が任意の組成比で完全に固溶する場合の相図を図 4.16 に示す．Cu-Ni 系，Ge-Si 系などはいずれもこの型の相図となる．

図 4.16 2成分固溶体相図

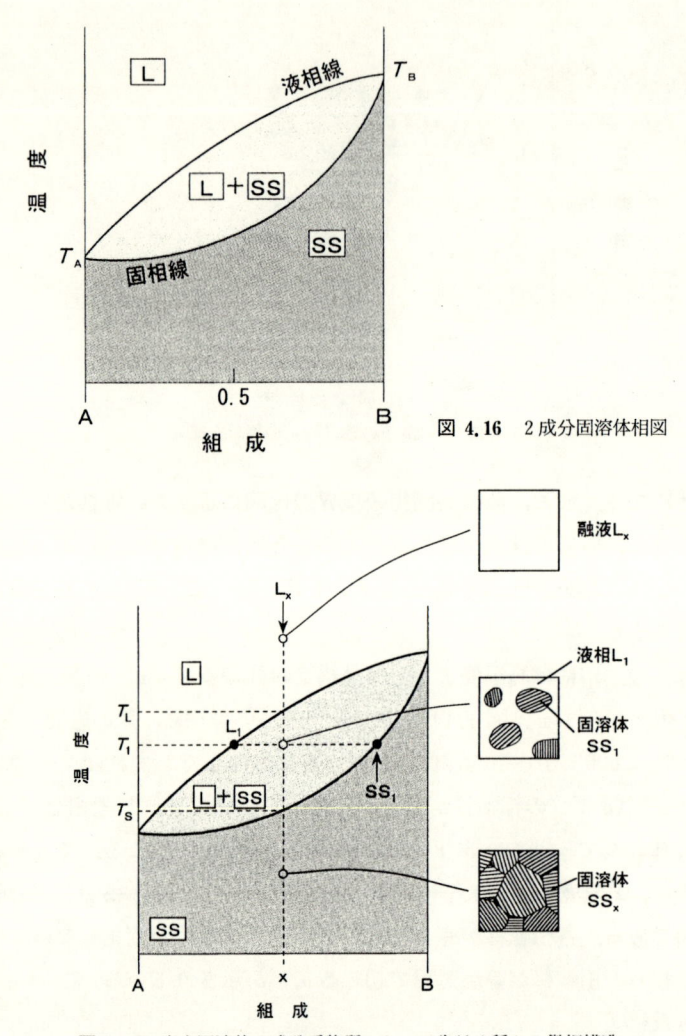

図 4.17 完全固溶体2成分系物質において生じる種々の微細構造

　純粋な成分A，成分Bの融点は，図中それぞれ T_A, T_B で示される．成分Aと成分Bは高温において，いかなる組成比であっても融けあって液相（L）を形成する．同様に低温においては任意の組成比の固相，つまり固溶体（SS）を形成する．液相，固相それぞれの単一相の間に，液相と固相の2相が共存する領域（L+SS）が存在する．上側の境界を**液相線**，下側の境界を**固相線**と呼ぶ．

4.2 相平衡と相転移

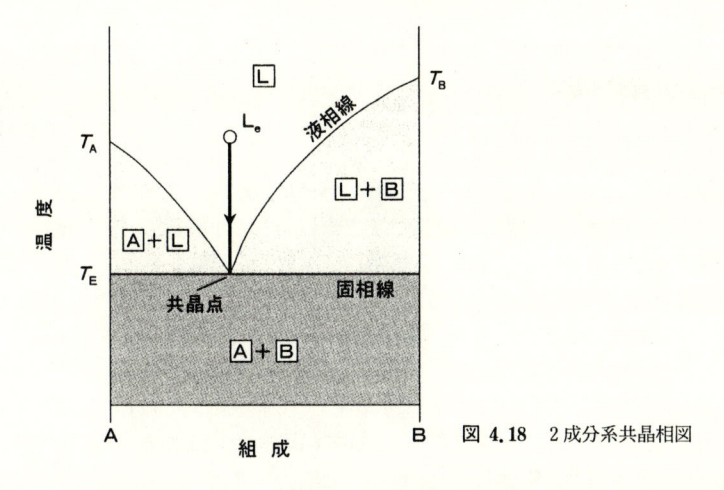

図 4.18 2成分系共晶相図

いま,図 4.17 に示すように,組成 x の AB 融液 L_x を徐冷する場合を考える.液相線上の温度 T_L に達すると,液相中に固溶体が析出しはじめ,2相が共存する.温度が T_1 になった時は,液相 L_1 の母相中に固溶体 SS_1 が存在することになる.温度が低下するに従って,固相(固溶体)が占める割合が増していく.温度が固相線上の温度 T_S 以下になると,すべての液相が固相に相転移する.通常,この固相は固溶体 SS_x の多結晶になる.

2成分系物質の中でも,Al–Si 系や Au–Si 系のように互いの溶解度がゼロか,ほとんどゼロに等しい成分のものがある.このような系の代表的な相図を図 4.18 に示す.

図 4.17 に示す固溶体が形成される場合と比べ,顕著な違いは,低温の固相領域において,純粋な成分 A と成分 B の2成分が独立に共存することである.このような構造の物質を**共晶**と呼ぶ.

高温においては,固溶体を形成する場合と同様に液相 L が形成され,それぞれの組成における液相線以下の温度では,それぞれの組成に応じて,〈固相 A＋L〉あるいは〈固相 B＋L〉の2相に分かれる.2本の液相線が合流する点を共晶点,この点の温度を**共晶温度** T_E と呼ぶ.共晶点の組成の融液 L_E が徐冷され,T_E に達すると融液は等温的に凝固し,固相 A と固相 B に相転移する.このような相転移を**共晶反応**と呼ぶ.なお,添え字の "E" は共晶 eutectic の頭文字である.

チョット休憩●4　　　　　　　　　　ギブズ

　近年，特に 20 世紀中葉以降，自然科学の分野のみならず，すべての分野で，アメリカあるいはアメリカ人の活躍はすさまじいものがあるが，19 世紀末までの"学問史"に登場するアメリカ人の数は少ない．これは，アメリカという国が，1776 年にイギリスから独立した"若い国"ということにも関係するだろう．また，19 世紀後半のアメリカは，「南北戦争」に追われ，学問どころではなかった，という事情もあるだろう．

　このような中で，"ギブズの自由エネルギー"で有名な，そして"物理化学の祖"として評価されているギブズ（Josiah Willard Gibbs：1839－1903）は数少ないアメリカ人学者の一人である．

　ギブズは，1839 年，コネティカット州ニューヘイブンで生まれている．名門イエール大学で学んでおり，アメリカで最初の工学博士号を授与されたことでも知られている．やはり，当時の学問の中心はヨーロッパであり，ギブズは 1866 年には渡欧し，パリ，ベルリン，ハイデルベルクに留学している．しかし，1869 年にはイエール大学に戻り，生涯母校の数理物理学教授をつとめている．

　ギブズの名前を不滅のものにしたのは，彼が 1870 年代に行なった熱力学の研究で，それを集大成して 1878 年に発表した『不均一物質系の平衡』である．有名な自由エネルギーや相律などを含む，その内容は，熱力学の適用を化学，固体構造，表面，弾性などの現象にまで拡大するものであった．しかし，御多分に漏れず，それが発表された当時は，その新奇性，難解さのために，一部の天才的学者にしか理解されなかったようである．それが一般に知られるようになったのは，1892 年にオストワルトのドイツ語訳が出た以降のことである．

　ギブズの研究分野は，その後，統計力学，代数学，ベクトル解析，光・電磁波にまで及んだ．

　偉大な学者，特に昔の偉大な学者の生涯を垣間見るたびに思うことだが，〈チョット休憩●3〉でも述べたように，彼らの興味の範囲，研究範囲が極めて広いことである．それは，ある意味では"時代のせい"かも知れないが，いつの時代でも，研究者たる者，様々なことに興味を持ち，様々なことに驚嘆，感動できる精神を保ちたいものだと思う．

■演習問題

4.1 ΔQ, ΔS はいずれも熱エネルギーの変化量を表わすものであるが，これらの本質的な違い，あるいは ΔQ と比べた時の ΔS の"奥深さ"を説明せよ．

4.2 自由エネルギーを言葉で簡単に説明せよ．

4.3 「われわれ人間にとっても，自然界にとっても，自由エネルギーは非常に大切なものである」の意味について考えよ．

4.4 『方丈記』冒頭の名文句「行く川の流れは絶えずして，しかも元の水にあらず」の意味を熱力学の観点から考察せよ．

4.5 A分子，B分子が混合された場合のエントロピー変化量を ΔS，ギブズの自由エネルギー変化量を ΔG とした時，$\Delta S \gg 0$，$\Delta G < 0$ になることを説明せよ．

4.6 多形転移について，具体例を挙げて説明せよ．

4.7 融解熱，蒸発熱がそれぞれ $T_c \Delta S_{SL}$，$T_c \Delta S_{LG}$ で与えられることを示せ．

演習問題の解答

■第1章

1.1 省略（本文参照）．

1.2 省略（本文参照）．

1.3 温度は暑さ・寒さ，熱さ・冷たさの度合を数量的に表わした物理量，熱は高温の物体から低温の物体に移動するエネルギーの一種．

1.4 目に見えない温度というものを，目に見える何らかの形・数量で表わしてくれる器具．

1.5 省略（本文参照）．

1.6 物体の質量を m，比熱を c_A, c_B とする．A，B全体の熱量は保存されるから，物体Aが得る熱量を ΔQ_{A+}，物体Bが失う熱量を ΔQ_{B-} とすれば，$|\Delta Q_{A+}|=|\Delta Q_{B-}|$ だから，式 (1.6) より

$$mc_A(40-20) = mc_B(100-40)$$
$$20\, c_A = 60\, c_B, \quad c_A/c_B = 60/20 = \mathbf{3}$$

■第2章

2.1 省略（本文参照）．

2.2 (1) 容器A，B内の気体のモル数を，それぞれ n_1, n_2 とすると，それぞれの気体の状態方程式は，式 (2.10) より

$$A: P_0 V_1 = n_1 R T_1, \quad \boldsymbol{n_1 = \frac{P_0 V_1}{R T_1}}$$

$$B: P_0 V_2 = n_2 R T_2, \quad \boldsymbol{n_2 = \frac{P_0 V_2}{R T_2}}$$

（2）コックを開いた後の気体の圧力を P とすると，全体の状態方程式は

$$P(V_1 + V_2) = (n_1 + n_2) R T$$
$$P = \frac{n_1 + n_2}{V_1 + V_2} R T$$

となり，この式に (1) で得た n_1, n_2 を代入すると

$$P = \frac{\left(\dfrac{P_0 V_1}{RT_1} + \dfrac{P_0 V_2}{RT_2}\right)}{V_1 + V_2} RT = \frac{P_0}{V_1 + V_2}\left(\frac{V_1}{T_1} + \frac{V_2}{T_2}\right)T$$
$$= \frac{P_0(V_1 T_2 + V_2 T_1)T}{(V_1 + V_2)T_1 T_2}$$

2.3 この実験でおもりが行なう仕事量を W とすれば

$$W = mgh \times 10 \ [回]$$
$$= 5 \ [\text{kg}] \times 9.8 \ [\text{ms}^{-2}] \times 2 \ [\text{m}] \times 10$$
$$= 980 \ [\text{m}^2 \text{kgs}^{-2}] = 980 \ [\text{J}]$$

容器の水が ΔT 上昇したとすれば，水が得た熱量 Q は，表 1.3 より水と銅の比熱をそれぞれ 1.00, 0.09 [cal/g°C] として

$$Q = (500 \ [\text{g}] \times 0.09 \ [\text{cal/g°C}] + 1000 \ [\text{g}] \times 1.00 \ [\text{cal/g°C}])\Delta T \ [\text{°C}]$$
$$= 1045 \Delta T \ [\text{cal}]$$

式 (2.32) より $W = JQ$ だから

$$980 \ [\text{J}] = 4.2 \ [\text{J/cal}] \times 1045 \Delta T \ [\text{cal}]$$
$$\Delta T = \frac{980}{4389} \fallingdotseq \mathbf{0.22} \ [\text{°C}]$$

2.4 省略（本文参照）．
2.5 省略（本文参照）．
2.6 省略（本文参照）．
2.7 ジュールの実験の概要については本文を参照のこと．その意義は，まず第一に，力学的な仕事量と熱量とを結びつけ，エネルギー保存則の確立に重要な役割を果たしたことである．

■**第3章**
3.1 例えば，混雑した車両から空車に移動して席に坐わった乗客が，自然に（自発的に）混雑した車両に移動することはないだろう．また，インクの滴をコップの中の水に垂らしてみる．インクはコップの中の水全体に拡がり，やがて，一様な薄い色になる．しかし，このままの状態でいくら放置しても，水全体に拡がったインクが元の滴に戻ることはない．以上の例の乗客，インクを熱に置き換えれば，これはまさしく熱力学の第2法則を表わしている．
3.2 省略（本文参照）．
3.3 式 (3.11) より

演習問題の解答

$$W = P\Delta V$$

式(1.9)より

$$2\ [\text{atm}] \approx 2\times 10^5\ [\text{Pa}]$$

を上式に代入し

$$\begin{aligned}W &= (2\times 10^5\ [\text{Pa}])(2\times 10^{-3}\ [\text{m}^3] - 10\times 10^{-3}\ [\text{m}^3]) \\ &= (2\times 10^5\ [\text{m}^{-1}\text{kgs}^{-2}])(-8\times 10^{-3}\ [\text{m}^3]) \\ &= -1.6\times 10^3\ [\text{m}^2\text{kgs}^{-2}] \\ &= \mathbf{-1.6\times 10^3\ [J]}\end{aligned}$$

3.4 体積変化がない時，式 (3.11) より $\Delta W = 0$. したがって式 (3.8) より

$$\begin{aligned}\Delta U &= \Delta Q + \Delta W \\ &= \Delta Q = 40\ [\text{kJ}] = \mathbf{4\times 10^4\ [J]}\end{aligned}$$

定圧 1 [atm] $\approx 1\times 10^5$ [Pa] の下で，体積が 0.2 m³ 増加したとすれば，この時の仕事は式 (3.11) より

$$\begin{aligned}\Delta W &= -P\Delta V \\ &= -1\times 10^5\ [\text{Pa}] \times 0.2\ [\text{m}^3] \\ &= -2\times 10^4\ [\text{J}]\end{aligned}$$

したがって，上式より

$$\begin{aligned}\Delta U &= \Delta Q + \Delta W \\ &= 4\times 10^4\ [\text{J}] - 2\times 10^4\ [\text{J}] \\ &= \mathbf{2\times 10^4\ [J]}\end{aligned}$$

3.5 式 (3.37) $TV^{\gamma-1} = C$ (一定) より

$$273 \times V^{1.5-1} = T\left(\frac{V}{25}\right)^{1.5-1}$$

$$T = 273 \times \sqrt{25} = \mathbf{1365\ [K]}$$

また，式 (2.5) のボイル・シャルルの法則 $(PV/T = C)$ より

$$\frac{1\times V}{273} = \frac{P\times \dfrac{V}{25}}{1365}$$

$$P = \frac{1365\times 25}{273} = \mathbf{125\ [atm]}$$

3.6 省略（本文参照）．

3.7 省略（本文参照）．

3.8 省略（本文参照）．

3.9 省略．エンジンの本などを参照し，自分で勉強して欲しい．大変興味深いはずである．

3.10 式 (2.37) より

$$\eta_{\max} = 1 - \frac{T_L}{T_H}$$
$$= 1 - \frac{500+273 \text{ [K]}}{1000+273 \text{ [K]}} = \mathbf{0.40}$$

3.11 矛盾していない．その理由は本文参照．

3.12 省略（本文参照）．

3.13 冷蔵庫を開け放しにすることによって部屋を涼しくすることはできない．その理由は，本文を参照し，自分で考えていただきたい．また，できれば実践して，実際に部屋の温度を測定し，確かめて欲しい．

3.14 省略（本文参照）．

3.15 等温線 I II，III IV と断熱線曲 II III，IV I から成る．断熱曲線の曲率は双曲線よりはゆるやかである．

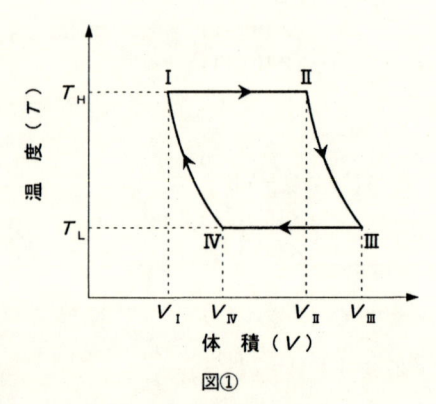

図①

3.16 式 (3.70) より

$$\Delta S = \frac{\Delta Q}{T} = \frac{60 \text{ [J]}}{27+273 \text{ [K]}} = 0.2 \text{ [J/K]}$$

3.17 式 (3.70)，(3.71) より

$$\Delta S = \frac{\Delta Q}{T}$$
$$= 10^3 \ [\text{g}] \left(\frac{80 \ [\text{cal/g}]}{273 \ [\text{K}]} + 1 \ [\text{cal/g·K}] \times \int_{274}^{373} \frac{dT}{T} + \frac{539 \ [\text{cal/g}]}{373 \ [\text{K}]} \right)$$
$$= 10^3 \ [\text{g}] \ \left(0.29 + \log \frac{373}{273} + 1.45 \right) \ \left[\frac{\text{cal/g}}{\text{K}}\right]$$
$$= 10^3 \ [\text{g}] \ (0.29 + 0.14 + 1.45) \ \left[\frac{\text{cal/g}}{\text{K}}\right]$$
$$= 1.88 \times 10^3 \ [\text{cal/K}] = 7.88 \times 10^3 \ [\text{J/K}]$$

3.18 省略（本文参照）．
3.19 省略．本文を参照し，各自，考えていただきたい．
3.20 省略（本文参照）．
3.21 省略（本文参照）．

■第4章
4.1 省略（本文参照）．
4.2 ある系が持っていた全エネルギーから使用済みのエネルギーを差し引いた残りのエネルギーで，今後自由に使えるエネルギーのこと．日常生活における"ゆとり"のようなもの．
4.3 省略．本文で述べたことを参照し，各自，考えていただきたい．
4.4 省略．各自，考えていただきたい．
4.5 省略（本文参照）．
4.6 省略（本文参照）．
4.7 省略（本文参照）．

参考図書

　本書は専門書ではないので，本文中，直接引用した図や写真を除いて個々の引用文献，引用書を示さなかった．しかし，本書の執筆に当たっては多くの専門書，教科書を参考にさせていただいた．特に参考にさせていただいた書籍を以下に発行年順で記す．この場を借りて，各書の著者，発行者の方々に対し，心からの感謝の気持ちを申し述べさせていただく．

1) 都筑卓司『マックスウェルの悪魔』(講談社ブルーバックス，1970)
2) 粟野　満『高温・熱技術』(東京大学出版会，1977)
3) 都筑卓司『なっとくする熱力学』(講談社，1993)
4) 砂川重信『熱・統計力学の考え方』(岩波書店，1993)
5) 宮下精二『熱力学の基礎』(サイエンス社，1995)
6) 和田正信『熱力学とは何か』(裳華房，1996)
7) 小暮陽三『なっとくする演習・熱力学』(講談社，1997)
8) 伊庭敏昭『絵とき　熱力学早わかり』(オーム社，1997)
9) 関　一彦『化学入門コース2　物理化学』(岩波書店，1997)
10) 小出　力『読み物・熱力学』(裳華房，1998)

　熱学，熱力学の勉強をさらに深めたい読者には以下の書籍をお勧めする．

11) C. キッテル(山下・福地訳)『キッテル熱物理学』(丸善，1983)，原書は C. Kittel and H. Kroemer "Thermal Physics, Second Edition" (W.H. Freeman and Company, 1980)
12) 鈴木増雄『岩波講座　現代の物理学4　統計力学』(岩波書店，1994)
13) 高林武彦『熱学史』(海鳴社，1999)

　また，固体に関する熱力学，平衡状態図（相図）について勉強を深めたい読者には以下の書籍をお勧めする．

14) R.S. スワリン(篠崎襄ほか訳)『固体の熱力学』(コロナ社，1965)，原書は R.A. Swalin "Thermodynamics of Solids" (John Wiley & Sons, 1962)

15) 阿部秀夫『金属組織学序論』(コロナ社, 1967)
16) ジョンウルフ編（千原・藤田訳）『材料科学入門II　構造と熱力学』(岩波書店, 1968), 原書は W.G. Moffatt, G.W. Pearsall and J. Wulff "*The Structure and Properties of Materials Vol.* II *THERMODYNAMICS OF STRUCTURE*" (John Wiley & Sons, 1964)
17) J.F. Shackelford "*Introduction to Materials Science for Engineers, Second Edition*" (Macmillan Publishing Company, 1988)
18) 藤田英一『金属物理―材料科学の基礎―』(アグネ技術センター, 1996)

さらに, 「無秩序からの秩序」に興味のある読者には, 1) とともに以下の書籍をお勧めする.

19) I.プリコジン, I.スタンジュール(伏見康治ほか訳)『混沌からの秩序』(みすず書房, 1996)
20) D.ボーム（井上忠ほか訳）『全体性と内蔵秩序』(青土社, 1996)
21) 都甲　潔, 江﨑　秀, 林　健司『自己組織化とは何か』(講談社ブルーバックス, 1999)

なお,〈チョット休憩〉や本文中の人物評伝については以下の辞典を参考にさせていただいた.

22) 『岩波＝ケンブリッジ　世界人名辞典』(岩波書店, 1997)
23) 『岩波理化学辞典　第5版』(岩波書店, 1998)

索引

■あ行

アインシュタイン　29
アヴォガドロ数　40
圧縮器　86
圧縮行程　83
圧縮式電気冷蔵庫　85
圧力　21, 22, 44
アテナ　30
アモルファス　130
安定　129

位置エネルギー　26, 27
1次相転移　134
1成分系相図　139

運動　17
運動エネルギー　26, 28
運動方程式　80
運動量　23

エアコン　86
永久機関　62, 46, 62, 91, 114
液化ガス　86
液相　134, 142
液相線　142
液体　34
SI　19
エネルギー　17, 25, 60, 110
　——の価値　96
　——保存（不変）の法則
　　28, 62, 67, 98
エピメテウス　30
エルビス　6
遠距離分子間力　133
エンジン　83
エンタルピー　72, 120, 121, 128
エンタルピー変化量　72
エントロピー　94, 99, 100, 102, 106, 110, 120, 121, 136, 137

オストワルト　144
オプティカル・パイロメーター　11
温度　4, 105
温度計　5
　——の原理　8
温度係数　9
温度差　83, 96
温度目盛　6

■か行

海洋型気候　13, 17
科学　52
化学エネルギー　26
科学・技術時代　52
化学結合エネルギー　78
可逆過程　78, 80, 99
核エネルギー　26
拡散　56
核融合反応　97
華氏温度目盛　7
加速度　18, 19, 21
活性化エネルギー　76
鴨長明　125
ガリレイ　5
カルノー　87
　——の原理　87
カルノー機関　88, 93
カルノー・サイクル　87, 102
カロリー　14
カロリック　2, 49
慣性の法則　18
完全結晶　137

完全な物質　137

気圧　21
気化熱　37, 86, 136
技術　52
気相　134
気体　34
　——の圧力　44
気体温度計　9
気体定数　40
ギブズ　144
　——の自由エネルギー　124, 127, 134, 144
　——の相律　138
基本単位　19
吸入行程　83
吸熱　102, 137
吸熱反応　75
凝固　131, 136
凝固曲線　139
凝固点　133
凝固熱　136
凝縮　131, 136
凝縮器　86
凝縮曲線　139
凝縮熱　136
共晶　143
共晶温度　143
共晶反応　143
共存　138
近距離分子間力　133

組立単位　19
クラウジウス　90, 95, 117
　——の関係式　99
　——の原理　91, 94
グラファイト　76, 132
クラペイロン　87

索引

系　58
ゲイ・リュサックの法則　39
結合エネルギー　77
結合エンタルピー　78
結晶　114
ケルヴィン（単位）　38
ケルヴィン卿　8, 87, 116
減圧膨張　86
検温器　5
原子化エンタルピー　77
減衰振動　80

恒温装置　9
恒星　97
光速　29
効率　51, 84, 87, 99
国際単位系　19
固相　134, 142
固相線　142
固体　34, 130
固体炭素　76
固溶体　127, 130, 142
混合物　127
混合溶液　130

■さ 行

サイクル　83
細胞　114
サーミスター　9
サーミスター温度計　9
サーモスタット　9
産業革命　46
サンクトリウス　5
三重点　39, 140
三段論法　59

磁気転移　134
自己組織化　114
仕事　25, 26, 60, 66, 67, 81, 90, 101, 103, 109
　──の量　50
実在気体　37, 41
質量　19, 21
質量エネルギー　29
質量保存（不変）の法則　25
シャルルの法則　36
自由エネルギー　123, 124,
127, 134
自由度　138
重力　18
重力加速度　20
受熱　102
ジュール　49
　──の実験　4
ジュール-トムソン効果　117
準静的過程　63
昇華　131, 134
昇華エンタルピー　134
昇華曲線　139
蒸気機関　47, 82
蒸気機関車　48
蒸気タービン　52
常態　96
状態変化　125, 134
状態変数　39
状態方程式　9, 39, 40
状態量　35
蒸発　131, 133, 136
蒸発エンタルピー　133
蒸発器　86
蒸発曲線　139
蒸発熱　86, 136
シリコン　132
磁力　18
人工ダイヤモンド　77

水銀体温計　10

生成エンタルピー　74, 128
生成熱　73
生物　114
生命体　114
ゼウス　31
赤外線温度計　11
石墨　76
摂氏温度目盛　6
絶対温度　38, 116
絶対零度　38
ゼーベック効果　11
セルシウス　6
全エネルギー　60
潜熱　136

相　129
相図　136, 139
相転移　76, 131, 134, 143
相転移点　136
総熱量　122
総熱量不変の法則　73
相平衡　138
相変化　131
相変態　131
速度　18
束縛エネルギー　123

■た 行

第0法則　59
第1法則　62, 110, 111, 120
第2法則　66, 78, 80, 81, 93, 107, 109, 111
第3法則　137
第1種の永久機関　62, 91
大カロリー　14
大気圧　21
大気層　23
大気柱　23
体積変化　83
第2種の永久機関　62
ダイヤモンド　76, 132
太陽　97
太陽エネルギー　97
大陸型気候　13, 17
多形　131
多形転移　133, 141
多結晶　130
ダーレンス　6
単位　19
単位系　19
単一相構造　130
単結晶　130
単結晶粒　130
弾性衝突　42
断熱圧縮　68, 89, 90, 102
断熱過程　102, 120, 121, 124
断熱変化　66, 68, 69
断熱膨張　68, 69, 89, 90, 102

力　17, 19
超伝導　134
超流動　134
張力　22

索　引

2サイクル内燃機関　83
定圧過程　121
定圧熱容量　15, 72
定圧比熱　15
定圧変化　35, 63
定圧モル比熱　65
T-S図　102, 103
抵抗温度計　9
定積過程　120
定積熱容量　15
定積比熱　15
定積変化　35, 63
定積モル比熱　65
定点　6
T-P図　136
デジタル体温計　10
鉄　133, 140
転移温度　136
転移点　133
電気エネルギー　26
電子体温計　10
電磁波　11

等温圧縮　67, 89, 90, 102
等温過程　88, 102, 123
等温変化　35, 66
等温膨張　67, 89, 90, 102
同素体　76, 131
特殊相対性理論　29
閉じた系　115
トムソン　8, 116
　——の原理　91, 94
トムソン効果　117
トリチェリーの真空　23
トンプソン　3

■な 行

内燃機関　50, 83
内部エネルギー　60, 61, 68, 120

2サイクル内燃機関　83
2次相転移　134
2成分系相図　141
ニューコメン　47, 51
ニュートン（単位）　21
ニュートン（人名）　20
　——の運動の第1法則

18
　——の運動の第2法則
18
ニュートン力学　17

熱　2, 80
　——の仕事当量　50
　——の物質説　2
熱エネルギー　4, 26, 99
熱エネルギー量　72
熱関数　72
熱機関　50, 52, 82
熱起電力　11
熱源　2, 67
熱サイクル　103
熱素　2, 49
熱素説　3
熱電効果　10
熱電対　10
熱電対温度計　10
熱平衡　58
熱平衡状態　58
熱膨張　8
熱膨張係数　36
熱容量　12, 14, 65
熱力学　48
　——の第0法則　59
　——の第1法則　62, 71, 110, 111, 120
　——の第2法則　66, 78, 80, 81, 93, 107, 109, 111
　——の第3法則　137
熱力学的温度　8, 37, 38, 97, 116
熱力学的重率　108, 128
熱力学的絶対温度　38
熱力学的特性関数　72, 121
熱力学的標準状態　73, 76
熱量　13, 14, 49, 50, 60, 67, 99
ネルンスト　137
　——の熱定理　137

■は 行

排気行程　83
排熱　102
バイメタル温度計　9
爆発行程　83
パスカル（人名）　22

パスカル（単位）　22
発熱　137
発熱反応　75
反応熱　73
万有引力　18

光温度計　11
光高温計　11
非結晶　130
比熱　12, 15, 97
比熱比　15, 66
P-V図　101, 103
非平衡系　115
標準気圧　23
標準生成エンタルピー　74
氷点　6

ファーレンハイト　6, 7
ファン・デル・ワールス　41
ファン・デル・ワールス定数　41
4サイクル内燃機関　83
不可逆過程　78, 79
不完全性　137
複合機関　93
物質不滅の法則　25
プラトン　30
『プロタゴラス』　30
プロメテウス　30
フロン　86
分子運動　4, 133
分子運動論　42
分子間力　133
分子の運動エネルギー　133

平衡　56, 131
平衡状態　56, 138
平衡状態図　136, 139
平衡冷却図　141
ヘスの法則　74
ヘパイストス　30
ヘラクレイトス　125
ヘルムホルツの自由エネルギー　123
ヘロン　52

ポアッソンの方程式　69

ボイル　35
　——の法則　35
ボイル-シャルルの法則
　　37
放射エネルギー　11
放射温度計　11
放熱　102
ボルツマン　107
　——の関係式　108
ボルツマン定数　45, 108

■ま　行

マイヤーの関係式　66, 71
マクスウエル　111
　——の悪魔　112
　——の鬼　111
マクスウエル分布　46
マクスウエル-ボルツマン分
　　布　46
マクロ気体　41
摩擦熱　2

ミクロ気体　42

水カロリー　14
乱れ　137

無秩序状態　98

モル　39
モル比熱　65

■や　行

融解　131, 133, 136
融解エンタルピー　133
融解曲線　139
融解熱　136
融点　133, 140

溶液　126
溶解　126
溶質　56, 126
溶媒　56, 126
4サイクル内燃機関　83

■ら　行

ラヴォアジェ　2

ラナルディ　6
乱雑さ　128

力学　17
力学的エネルギー　26
力積　25
理想気体　37, 41, 65, 67,
　　89, 90
　——の状態方程式　40
理想溶液　128
粒界　130
臨界（点）　135, 140
臨界温度　37

ルンフォード伯　3

冷蔵庫　84
冷凍庫　84
冷媒　37, 85
レオミュール　6

■わ　行

ワット　47, 51

著者略歴

志村史夫（しむら・ふみお）
1948年　東京・駒込に生まれる
1974年　名古屋工業大学大学院修士課程修了（無機材料工学）
1982年　工学博士（名古屋大学・応用物理）
現　在　静岡理工科大学教授，ノースカロライナ州立大学併任教授

〈したしむ物理工学〉
したしむ熱力学

定価はカバーに表示

2000年11月20日　初版第1刷
2007年7月25日　　　第2刷

著者　志　村　史　夫
発行者　朝　倉　邦　造
発行所　株式会社　朝倉書店

東京都新宿区新小川町6-29
郵便番号　162-8707
電話　03(3260)0141
FAX　03(3260)0180
http://www.asakura.co.jp

〈検印省略〉

© 2000 〈無断複写・転載を禁ず〉

教文堂・渡辺製本

ISBN 978-4-254-22766-6　C 3355　　Printed in Japan

好評の事典・辞典・ハンドブック

紙の文化事典	尾鍋史彦ほか 編 A5判 592頁
人間の許容限界事典	山崎昌廣ほか 編 B5判 1032頁
コンピュータ代数ハンドブック	山本 慎ほか 訳 A5判 1040頁
数理統計学ハンドブック	豊田秀樹 監訳 A5判 784頁
物理データ事典	日本物理学会 編 B5判 600頁
物理学大事典	鈴木増雄ほか 編 B5判 896頁
機器分析の事典	日本分析化学会 編 A5判 356頁
気象ハンドブック（第3版）	新田 尚ほか 編 B5判 1040頁
分子生物学大百科事典	太田次郎 監訳 B5判 1172頁
遺伝学事典	東江昭夫ほか 編 A5判 344頁
魚の科学事典	谷内 透ほか 編 A5判 612頁
環境緑化の事典	日本緑化工学会 編 B5判 496頁
3次元映像ハンドブック	尾上守夫ほか 編 A5判 484頁
電力工学ハンドブック	宅間 董ほか 編 A5判 760頁
電子回路ハンドブック	藤井信生ほか 編 B5判 456頁
呼吸の事典	有田秀穂 編 A5判 744頁
肥料の事典	但野利秋ほか 編 B5判 408頁
食品工学ハンドブック	日本食品工学会 編 B5判 768頁
木材科学ハンドブック	岡野 健・祖父江信夫 編 A5判 464頁
水産大百科事典	水産総合研究センター 編 B5判 808頁
心理学総合事典	海保博之・楠見 孝 監修 B5判 784頁
オックスフォード スポーツ医科学辞典	福永哲夫 監訳 A5判 592頁

価格・概要等は小社ホームページをご覧ください．